U0265758

静电喷雾法制备太阳能电池

朱彤珺　著

黄河水利出版社

·郑州·

内 容 提 要

本书从实际问题入手,深入浅出地介绍了使用静电喷雾法制备太阳能电池的方法及相关工艺。全书共分8章,主要包括绪论、染料敏化太阳能电池相关理论及工艺、DSSC 光阳极制备方法、有机太阳能电池相关理论及工艺、钙钛矿太阳能电池、静电喷雾法制备太阳能电池技术、静电喷雾法制备有机太阳能电池、静电喷雾法制备钙钛矿太阳能电池等。

本书适合太阳能电池及相关专业的师生使用,也可作为从事薄膜太阳能研究的技术人员的参考书。

图书在版编目(CIP)数据

静电喷雾法制备太阳能电池/朱彤珺著. —郑州:黄河水利出版社,2018.11
ISBN 978 – 7 – 5509 – 1282 – 3

Ⅰ. ①静… Ⅱ. ①朱… Ⅲ. ①太阳能电池 – 制备 Ⅳ. ①TM914.4

中国版本图书馆 CIP 数据核字(2018)第 246414 号

组稿编辑:张倩　　电话:13837183135　　QQ:995858488

出 版 社:黄河水利出版社　　　　　　网址:www.yrcp.com
　　地址:河南省郑州市顺河路黄委会综合楼 14 层　　邮政编码:450003
发行单位:黄河水利出版社
　　发行部电话:0371 – 66026940、66020550、66028024、66022620(传真)
　　E-mail:hhslcbs@126.com
承印单位:河南新华印刷集团有限公司
开本:890 mm×1 240 mm　　1/32
印张:5
字数:150 千字　　　　　　　　　印数:1—1 000
版次:2018 年 11 月第 1 版　　　　印次:2018 年 11 月第 1 次印刷

定价:26.00 元

前 言

随着人口增长和工业化发展,人类对能源的需求和消耗不断增加。煤炭、石油和天然气等矿物燃料是当前使用的主要能源,这些能源储备有限且随着能源消耗的激增而日渐减少。此外,矿物燃料在燃烧过程中释放出的气体会造成温室效应和环境污染。近年来,中国各大城市大范围出现严重雾霾,对居民的日常生活和身体健康都造成了明显的不良影响,矿物燃料的大量使用是形成雾霾的主要原因之一。因此,研发污染少的清洁、绿色且低成本的新能源是当前亟待解决的问题。

对地球来说,太阳能是取之不尽、用之不竭的清洁能源。太阳辐射的功率为 $1\ 000\ W/m^2$,约为地球上所消耗的总能量的 $10\ 000$ 倍。如果 0.1% 的地球表面覆盖效率为 10% 的光伏器件,所提供的能量将足以满足当前全世界的能源需求。太阳能电池(Solar Cell)因其生产成本低、转化效率高、可制备成柔性和便携式器件,并具有卷对卷生产的潜力,是新能源领域最富发展前景的研究方向之一。

本书从实际问题入手,深入浅出地介绍了使用静电喷雾法制备太阳能电池的方法及相关工艺。全书共分 8 章,主要包括绪论、染料敏化太阳能电池相关理论及工艺、DSSC 光阳极制备方法、有机太阳能电池相关理论及工艺、钙钛矿太阳能电池、静电喷雾法制备太阳能电池技术、静电喷雾法制备有机太阳能电池、静电喷雾法制备钙钛矿太阳能电池等。

本书受河南工程学院博士基金(D2017012)支持,特此表示感谢!

由于时间仓促,加之作者水平有限,错误和不足之处在所难免,敬请广大读者批评指正。

作 者
2018 年 10 月

目 录

第 1 章　绪　论

1.1　世界面临的能源问题

21 世纪以来,日益严重的能源短缺和环境保护问题已经成为人类面临的主要问题。一方面,煤、石油、天然气等传统的化石能源,正在面临着日渐枯竭的问题。如图 1-1 所示,目前,世界上已经探明的石油储量仅够人类生产和使用 30 年,而天然气和煤炭的储量则分别可使用 50 年和 200 年。随着人类物质文化生活水平的日益提高,人们每天要消耗更多的能源来满足日常生活的需要,世界各种能量消耗如图 1-2 所示。近年来的统计结果表明,传统型化石能源供应不足已经成为世界主要发达国家必须面对的首要问题。作为第二大经济体的中国目前也同样面临着日益严重的能源短缺问题。改革开放以来,特别是近 20 年的高速发展,使中国经济保持了每年 7% ～ 9% 的增长速度,但随着经济的发展,中国的能源消费也日渐增长。目前,中国已成为世界上最大的煤炭消费国,石油和天然气等能源的消耗也在逐年增长。另一方面,化石能源的使用也对人类生存的自然环境产生严重的威胁。煤炭和石油的广泛使用,增加了空气中二氧化碳的含量,地球从太阳接受的热量及自身产生的热量无法向外层空间发散,引起了严重的“温室效应”,诱发全球气候的变暖,给全球水资源的平衡带来巨大的破坏。另外,在化石能源使用过程中,大量的二氧化硫等有害气体被排放到空气中,在世界各地引起酸雨等环境灾害,严重地污染了人类赖以生存的自然环境。

综上所述,对清洁型、新型能源的开发和利用已经成为目前解决全球能源危机问题的首选。随着现代科学技术的发展,风能、水能、地热以及原子能等新型能源都得到深入的研究且在一定范围内得到应用。

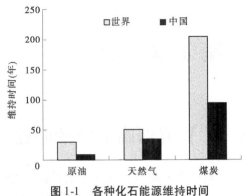

图 1-1　各种化石能源维持时间

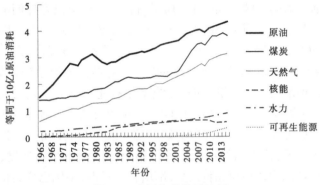

图 1-2　世界各种能量消耗

但是,这些新型能源由于在使用时受到地域、自然条件和安全性等因素的限制,远远不能满足全球能量消费的需要。与其他新型能源相比,太阳能具有如下优势:第一,太阳能是一种清洁能源,在工作过程中,没有碳、硫等元素残留,因而不会造成环境污染,太阳能器件吸收的热量来源于太阳辐射,因此太阳能的使用不改变全球的热能平衡。第二,太阳能具有储量丰富、使用安全等优点。对于地球来说,太阳能是取之不尽、用之不竭的清洁能源。太阳辐射的功率为 1 000 W/m^2,约为地球上所消耗的总能量的 10 000 倍。如果 0.1% 的地球表面覆盖效率为 10% 的光伏器件,所提供的能量将足以满足当前全世界的能源需求。因此,目前对太阳能的开发和利用引起了全世界人们的广泛重视。

总的来说,太阳能主要通过两种方式转化为人们所需要的能源。这两种方法是:光—热能转换及光—电能转换。其中,光—电能转换即太阳能电池目前是最有前景的研究热点。

1.2　太阳能电池分类

太阳能电池是将太阳辐射的光能转换为电能的新型电池,这种光电转换的过程被称为光生伏特效应。因此,太阳能电池通常又被业界称为光伏电池。迄今为止,太阳能电池器件的发展已历经三代。

1.2.1　硅基太阳能电池

第一代太阳能电池包括单 p - n 结的硅基太阳能电池。单晶硅电池的转化效率可达 25% ,是效率最高的太阳能电池器件,约占商业化生产的太阳能电池市场份额的 90% 。

硅基太阳能电池包括单晶硅、多晶硅和非晶硅太阳能电池。它们的基底材料分别为单晶硅、多晶硅和非晶硅等不同类型的硅材料。当太阳光照在电池的 p - n 结上时,入射光中有部分光子被基底的硅材料吸收,将自身的能量传递给硅原子,硅原子中的电子被激发产生从价带向导带的跃迁,在器件中形成空穴—电子对。在内建电场的作用下,载流子在器件的内部发生双向运动,即空穴由 n 区流向 p 区运动,电子则由 p 区流向 n 区,从而在 p - n 表面处形成电势差,当外电路被接通后就会在电路中形成电流。与其他材料的太阳能电池相比,硅基太阳能电池的转化效率最高,制备工艺和技术成熟。

典型的单晶硅电池基片为 p 型硅片,其结构为 n + /p 型,整个器件的厚度为 200 ~ 300 μm。目前,制造单晶硅电池所使用的硅片不需要特别制造,可以使用其他半导体工业的废品。这些废品的纯度及尺寸仍然可以满足生产单晶硅电池的要求。单晶硅太阳能电池需要以厚度35 ~ 45 μm 的硅片为基片,而这种厚度的硅片则往往需要由更厚的硅锭切割而成。因此,在实际生产时,由于切割等工艺过程的损耗,往往需要较多的硅材料。昂贵的原材料价格和相对复杂的制备工艺使得制备单晶硅太阳能电池所需成本较高。

为了降低生产和制造成本,节省材料,多晶硅和非晶硅薄膜太阳能电池就逐渐引起了人们的研究兴趣。与单晶硅太阳能电池一样,多晶硅电池的 p - n 结也是 n + /p 型,且厚度也是 200 ~ 300 μm。不同的是,在制备过程中,硅片可以由使用高纯硅制备的硅锭切割而成。这样,原料成本要远远小于单晶硅电池器件。目前制备多晶硅太阳能电池器件的方法主要有射频等离子体增强化学气相沉积技术(RF - PECVD)、热丝催化等离子体增强化学气相沉积技术(HW - PECVD)、微波等离子体增强化学气相沉积技术(Microwave PECVD)、甚高频等离子体增强化学气相沉积技术(VH - PECVD)、脉冲等离子体增强化学气相沉积技术(Pulse PECVD)、低压化学气相沉积技术(LPCVD)、等离子体增强化学沉积技术(PECVD)和快热化学气象沉积技术(TCVD)等。从性能上来说,多晶硅电池的转化效率要低于单晶硅太阳能电池,这主要是因为多晶硅片中的晶粒取向和晶粒粒径各不相同,因此在晶体界面处光电转化效率较差。另外,与单晶硅相比,多晶硅薄膜的晶粒较小,通常,小的晶粒不可以制备高效率的太阳能电池。然而,由于多晶硅薄膜电池具有节省材料、工作中没有效率衰退且可以制备在比较廉价的基底材料之上等优点,生产成本远低于单晶硅太阳能电池,且器件效率又高于非晶硅薄膜电池。因此,多晶硅薄膜电池仍然对研究者有着巨大的吸引力。

非晶硅材料的显著优点是具有较高的光吸收系数,尤其是在可见光波段,对于波长 0.3 ~ 0.75 μm 的可见光,非晶硅的吸收系数可以达到单晶硅的 10 倍以上。因此,它对入射太阳能辐射的吸收率约为单晶硅的 40 倍。约 1 μm 厚的非晶硅薄膜就可以吸收照在它上面太阳辐射的 90% ,这是非晶硅材料与单晶、多晶硅材料相比最大的优势。另外,由于非晶硅材料的原子排列具有无序性,在使用时可以无须考虑衬底和薄膜材料的晶格匹配问题,几乎可以将功能层制备在任何材料的基底上,非晶硅薄膜更易于实现大面积生产,所以非晶硅太阳能电池具有成本低廉、便于大规模生产等优点。目前,非晶硅太阳能电池已经受到业界的普遍重视并得到迅速发展。非晶硅薄膜太阳能电池的制备方法有很多,常用的有反应溅射法、等离子体化学气相沉积法、低压化学气相沉积法等。

尽管非晶硅具有良好的晶体特性,但是其带隙仅为 1.7 eV,对太阳辐射光谱的长波区域几乎没有吸收,这就大大地限制了非晶硅太阳能电池的转化效率。此外,非晶硅电池在工作时,还会出现器件的转化效率随着光照时间的增长而出现降低的现象,这种现象称为光致衰退,最终导致电池性能不稳定。非晶硅薄膜太阳能电池由于具有较高的转化效率、较低的生产成本及产品轻薄等特点,在实际的生产和应用上都具有巨大的潜力。但器件稳定性不高等缺点,又限制了它在薄膜太阳能产业中的应用。如能克服光致衰退等稳定性问题,非晶硅薄膜太阳能电池必将成为未来太阳能电池的主要发展产品之一。

目前在太阳能电池的大家庭中,仅有单晶硅和多晶硅太阳能电池投入实际应用。但是由于它们生产成本高,生产工艺复杂和生产过程对环境有污染等缺点,制约了硅太阳能电池的进一步发展。就目前的发展来看,不管哪一种硅基太阳能电池都不能完全替代传统的化石能源而在日常的生活和生产中得到大规模的使用。为了解决这个问题,世界各国的研究者们都在努力开发其他不同材料的新型太阳能电池。

1.2.2 化合物半导体太阳能电池

第二代太阳能电池采用带隙与肖克利—奎伊瑟极限(Shockley Queisser limit)的优化值接近的 Ⅲ 族和 Ⅴ 族元素的化合物为基本材料,这些材料一般可以制备成为薄膜器件。

化合物半导体电池的功能层材料对太阳光的吸收系数很高,可以在较薄的厚度上吸收大部分太阳能量。因此,化合物半导体电池可以制备成厚度极小的薄膜电池,器件的功能层厚度一般是在 1 μm 左右。化合物半导体电池主要包括硫化镉、锑化镉、砷化镓、铜铟硒、铜铟镓硒薄膜电池等。

尽管硫化镉、锑化镉多晶薄膜电池的转化效率较高,一般会高于非晶硅薄膜电池,成本也比单晶硅太阳能电池低,且易于大规模生产,但由于镉材料会严重污染环境,因此这两种薄膜太阳能电池不可能最终替代硅基太阳能电池而在生活中广泛使用。

砷化镓属于化合物半导体材料,带隙为 1.4 eV,能较好地匹配太阳光谱,可以吸收太阳辐射中大部分的能量,加之电池能耐高温,在 250 ℃ 的高温下,电池器件仍然可以正常工作,这些性质适合做高温聚光太阳能电池。从目前研究结果来看,砷化镓薄膜电池的光电转化效率约为30%,与硅基电池十分接近。因此,砷化镓薄膜电池的研究受到普遍的重视。但是,与硅材料相比,镓的价格更高,砷的剧毒等特性导致砷化镓电池的最终成本要远远高于硅基太阳能电池,不可能在生活中大规模地使用。目前,砷化镓薄膜电池只在航天等极少数领域中应用。

铜铟硒薄膜太阳能电池简写为 CIS,该种材料的能隙为 1.1 eV,对太阳光谱的吸收率较高,因而电池器件具有较高的转化效率。另外,CIS 太阳能电池能长时间工作而不存在光致衰退问题。该种电池也是目前业界的研究热点之一。铜铟镓硒简写为 CIGS,是由 Cu(铜)、In (铟)、Ga(镓)、Se(硒) 按一定比例构成的黄铜矿结晶薄膜太阳能电池,由于该种电池器件具有对光吸收能力强、工作稳定、转化效率高、生产成本低、没有光致衰减、环境友好等诸多优势,近年来,得到世界光伏研究者的重视。

在制备 CIGS 太阳能电池器件的工艺过程中,调整各成分在薄膜中的比例是决定该种电池性能的关键问题。目前,小面积 CIGS 电池转化效率可以达到19.2%,大面积集成组件效率也高于13%,已经接近商业使用的要求。就性能来说,CIGS 电池产品几乎和传统硅基太阳能电池相媲美。但由于铟和硒都是稀有元素,在自然界中储量十分有限,很难满足大规模生产使用的要求。因此,未来 CIGS 太阳能电池的发展必然受到原材料的限制。

实验室制备的第二代器件最高效率可达19%,但大面积的器件效率只有14%,利用薄膜技术可以显著降低太阳能电池的成本,因此第二代太阳能电池有望在不久的将来占有更大的市场份额。但是由于受到器件效率较低且材料价格较高的限制,第二代太阳能电池的成本难以进一步下降。

1.2.3 有机聚合物薄膜太阳能电池

第三代太阳能电池包括多层异质结电池,主要代表是染料敏化电池和有机太阳能电池。多层异质结电池通过将多个不同带隙的单层异质结电池叠加,增加光子吸收,从而可以显著提高器件效率,当前多层异质结太阳能电池的最高效率可达33%。近年来,太阳能电池的研究和发展得到广泛关注,已成为新材料和新能源领域最富生机和活力的研究课题之一。在目前太阳能电池的研究进程中,以有机物薄膜取代无机薄膜材料作为功能层的有机太阳能电池是太阳能电池研究的一个崭新方向。与无机材料相比,有机太阳能电池具有原材料便宜、成本低、可卷曲、成膜性好等,器件制备工艺相对简单、产品成本低、可在室温中制备等优点。

随着有机太阳能电池中双层异质结结构器件性能取得突破性的进展,一些新概念和新结构,如本体异质结、激子阻挡层、p-i-n体系结构、叠层本体/受体异质结、掺杂金属纳米颗粒、串联堆叠结构等相继被研究者提出。具有先进概念和结构的有机太阳能电池器件也屡见报道。

近年来,伴随着有机电池器件的光电转化效率(PCE)显著地提高。有机太阳能电池逐渐在太阳能电池领域内成为研究热点。随着有机化学、有机电子学等学科的迅速发展和现代生活对新型能源的巨大需求,有机太阳能理论和实验研究的进步十分迅速。但是,目前,对有机太阳能电池的理论和制造手段的研究还比较滞后,该问题限制了有机太阳能电池的发展。与目前已经商用的硅基太阳能相比,有机太阳能电池还有器件寿命较短、转化效率较低等缺点,这些不足主要是因为大多数有机材料为无定性材料,电子在有机材料分子链之间迁移率较小,较小的电子迁移率会减小器件的短路电流;激子解离比较困难,这主要是因为有机材料的带隙过大引起的;激子分离后,得到的空穴和电子在有机材料中的寿命较短。这些问题都会直接降低器件效率。另外,有机材料对水、氧等成分比较敏感。空气中水、氧等成分对器件效率、寿命都会产生不良影响。

经过长期的努力,有机电池的研究已经取得了一些进展,但效率和稳定性仍是研究者亟待解决的问题。能否取代硅基电池在日常生活中大规模使用,还有待研究者进一步的努力。

1.2.4　染料敏化太阳能电池

瑞士洛桑高等工业学校的 Grätzel 实验室制备的新型染料敏化太阳能电池(Dye-sensitized solar cells,简称 DSSC) ,自诞生以来,就受到研究者的普遍关注。与其他的薄膜型太阳能电池不同,这种太阳能电池是以多孔的纳米晶体 TiO_2 半导体膜作光阳极,以羧酸联吡啶钌为染料,以具有恰当的氧化还原电势的材料作为电解质,并以具有催化性的铂电极为阴极组装而成。DSSC 器件的制作成本仅为硅基太阳能电池的 $1/5 \sim 1/10$,其廉价的成本、简单的制作工艺及稳定高效的光电转化性能,为人类利用太阳能提供了一种廉价、有效的手段。与其他常规的电化学太阳能电池器件相比,DSSC 器件在半导体薄膜形貌结构上做了较大的改进。常规电化学太阳能电池由于普遍采用致密的薄膜,导致在半导体薄膜表面上只能吸附单层染料,对太阳能的吸收效率较低,一般不到 1% ,而多层染料的吸附又会阻碍器件中的载流子传输,因此常规的电化学电池的光电转化效率较低。

染料敏化太阳能电池的光阳极采用的是纳米多孔的半导体薄膜,这种结构的半导体膜具有很大的比表面积,能吸附更多的染料成分,染料在器件内部形成大量的单分子层,大幅度提高了对入射太阳光的吸收效率,从而显著地提高了电池的光电转化效率。

与其他种类的薄膜太阳能电池相比,DSSC 具有生产成本低,转化效率高、环境友好等优势,经过研究者不断的努力,DSSC 器件目前的转化效率已经接近 25% ,基本能满足商品化的要求。DSSC 作为一种新型的太阳能电池,正日益受到人们的广泛关注。

1.3 制备太阳能电池器件的相关理论

1.3.1 太阳光谱与太阳常数

太阳表面温度约为 5 770 K,发出的电磁辐射属于 G2V 型光谱。在太阳电磁辐射中绝大部分能量集中在红外区、可见光区和紫外区。太阳光谱中波长在 0.15 ~ 4 μm 的光占 95% 以上,其中可见光区能量最多,约占太阳辐射总能量的 50%,红外区约占 43%,紫外区的太阳辐射能较少,只占总量的约 7%。图 1-3 是太阳光能量按波长分布的波谱。

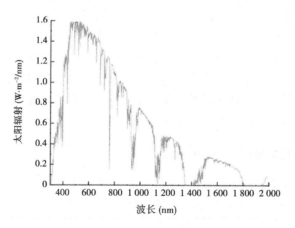

图 1-3 太阳光能量按波长分布的波谱

由于地球绕太阳公转的轨道是一个接近于圆形的椭圆,因此人们认为在日地平均距离处,单位时间内垂直辐射到单位面积上的辐照通量(未进入大气层前)为一常数,被称为太阳常数。其值为 1.338 ~ 1.418 kW/m² ,在计算中通常取 1.353 kW/m² 。太阳光进入大气层后,在传播过程中,还要与空气中各种成分的分子以及大气中的尘埃发生相互作用。进入大气层后,太阳辐射受大气层的吸收及反射作用,到达地面时已经发生了严重的衰减,且光谱分布也发生了一定的变化,因此最后到达地球表面的平均能量要远小于太阳常数值,大概只占总辐射能的43%。另外,由于太阳的入射角不同,太阳光穿过大气层的厚度随入射角发生变化,因此对于不同入射角的太阳光,大气层对太阳辐射的吸收也不相同。通常用大气质量(air mass,简称AM)来表示大气层对接收太阳辐射的影响,大气质量是一个没有量纲的物理量,定义为太阳光线穿过地球大气的路径与太阳光线在天顶角方向时穿过大气路径之比。当太阳光在大气外时,大气质量为$AM = 0$,此时物体接收到太阳的辐射不受大气的影响。当太阳入射光与地面的夹角为90°时,大气质量为$AM = 1$。这时候太阳光的入射功率约为925 W/m²。其他入射角的大气质量的值可以用入射光与地面的夹角 θ 的关系表达,即$AM = 1/\cos\theta$。当太阳的天顶角 θ 为48.19°时,计算得出$AM = 1.5$,即此时光线通过大气的实际距离是大气的垂直厚度的1.5倍。此时,太阳辐射到地球表面的功率约为 1 kW/m²,是典型的晴天时太阳照射地球表面的情况。在太阳能电池的研究中,$AM = 1.5$ 时地面接收到的太阳辐射功率常被用来作为在测量器件的光电性能时的标准入射光,通常采用太阳光模拟器来模拟太阳光,太阳光模拟器的输出功率必须满足上述条件且应该在一定范围内可调。

1.3.2　衡量器件性能的参数

在对太阳能电池器件的测试过程中,描述太阳能电池的性能参数主要有开路电压、短路电流、填充因子、转化效率等。这些参数被当作衡量太阳能电池性能好坏的标志。

1.3.2.1　开路电压(V_{OC})

开路电压是指电池的外电路处于开路状态时,入射光照后在器件光阳极和对电极之间产生的电势差。在单层结构的光伏器件中,开路电压的值不应超过两个电极功函数之差。在实验中测得的开路电压往往低于两电极的功函数差,产生这个现象的原因是载流子在器件中传输的同时,器件内部还存在着载流子的复合过程,这样在器件工作时,电池内部自由电荷的数量会因为载流子的复合而减少,从而导致器件的开路电压减小。

1.3.2.2 短路电流(J_{sc})

太阳能电池的短路电流是指在外电路短路时,器件受入射光照时形成的最大电流。在理想情况下,器件短路电流的大小取决于器件活性层产生载流子的效率及器件阳极导带载流子的注入效率。除上述因素外,器件接受光照面积大小也会对短路电流值产生影响,因此研究者在测量器件性能时,往往用短路电流密度即短路电流大小与器件受光面的比值来衡量器件的性能。理想的太阳能电池的短路电流值可由太阳光能量密度按波长的分布谱 $f(\lambda)$ 和活性层材料的禁带宽度 E_{opt} 估算。理想状态下,活性层分子每接收一个入射能量大于 E_{opt} 的光子,就会产生一个自由电子,并将此电子传输至外电路,即当器件的量子效率和收集效率为 1 时,DSSC 器件的最大短路电流密度可由式(1-1)计算:

$$I_{max} = qF \tag{1-1}$$

式中 F——入射光中能量大于带隙 E_{opt} 的光子密度。

对于确定的活性层,F 计算公式为

$$F = \int_{\lambda_0}^{\lambda_{max}} f(\lambda) \, d\lambda \tag{1-2}$$

积分的下限 λ_0 和上限 λ_{max} 分别为该种染料对阳光的吸收限。

1.3.2.3 填充因子(FF)

填充因子是指太阳能电池最大实际输出功率($V_m \times J_m$)与理论输出功率(开路电压和短路电流乘积:$J_{sc} \times V_{oc}$)之比值。填充因子是反映太阳能电池性能的一个重要参量,它的值越大,太阳能电池的输出功率越接近器件的极限功率,电池的转化效率也就越高。填充因子计算公式为

$$FF = \frac{V_m J_m}{V_{oc} \times J_{sc}} \tag{1-3}$$

1.3.2.4 转化效率

太阳能电池转化效率主要包括外量子效率(external quantum efficiency,简称 hEQE),也称为入射光子转化效率(input photo conversion efficiency,简称 hIPCE);内量子效率(internal quantum efficiency,简称 hIQE),也称为吸收光子效率(hAPCE);光电转化效率(power conversion efficiency, 简称 PCE 或 hp) 等。当太阳光照射到太阳能器件的表面时，仅有能量大于半导体带隙的入射光子才能被活性层吸收，将自身的能量传递层，并将活性层分子从基态激发到激发态产生激子，激子在半导体 – 电解液的界面分离后，在外电路中形成光电流。太阳能电池器件中产生的电荷数目与入射光光子数之比称为器件的外量子效率。电荷数目与被吸收的光子数目之比则被定义为器件的内量子效率。

　　器件的光电转化效率是用来表征太阳能器件性能的最重要的参数，主要表示太阳能电池器件在工作时光能转化为电能的百分比，它的数值通常可以由太阳能电池器件的 $J—V$ 特性参数来计算：

$$PCE = \frac{P_m}{P_{in}} = \frac{V_{OC}J_{SC}FF}{P_{in}} \tag{1-4}$$

式中　　P_{in}——入射光的平均功率密度，即 AM1.5 时地面接收太阳光的平均功率密度，其值为 $P_{in} = 1\ 000\ W/m^2$；

　　　　FF——器件的填充因子；

　　　　V_{OC}——器件的开路电压；

　　　　J_{SC}——短路电流密度。

　　$J—V$ 特性测试需要通过专业的测试系统来完成，要求光源的强度和光谱能够模拟各种条件（如 AM0、AM1.0 及 AM1.5 等）的太阳光谱。测量过程的固定光照由太阳光模拟系统提供，测量过程中通常采用 AM1.5（1 000 W/m²）的模拟太阳光，即太阳光入射方向与地表垂直方向成 48.2°时地表接收到的太阳辐射光谱。采用宽光谱功率计来测量模拟光的功率，并采用标准的硅电池进行校准。

1.3.2.5　单色光的转化效率（$IPCE$）

　　在单色光的照射下，器件的光电转化效率即为器件的单色光的转化效率（$IPCE$），太阳能电池单色光转化效率即单位时间内在外电路中产生的电子数目（N_e）与单位时间内入射的单色光子数目（N_p）之比。对于一个电池器件来说，其值与入射光的波长及入射光功率有关，数学表达式为

$$IPCE(\lambda) = 1\ 240 J_{SC}/\lambda P_{in} \tag{1-5}$$

考虑到器件中光电流产生的整个过程，$IPCE$ 与器件的光捕获效率

(light harvesting efficiency)、电子向纳米晶半导体导带的注入效率及注入后电子在纳米晶膜与透明导电玻璃接触面(back contact) 上的收集效率相关。

　　IPCE 的测量是采用光栅单色仪将光源发出的光分成单色光照射到光伏电池器件上,测量单色光的功率密度和器件的短路电流密度,然后通过式(1-5)计算出各波长对应的外量子效率。为使测量结果更加精确,采用锁相放大技术,将单色仪出来的单色光经调制器变成特定频率的交变单色光,交变单色光照射在器件上,产生的交变电流信号与相同频率调制的参考信号通过相敏放大后直流输出。锁相放大技术可以减小测量过程中的噪声。

1.3.2.6　串联电阻与并联电阻

　　太阳能电池的等效电路如图 1-4 所示,其中,I 为负载电流,U 为负载电压,R_S 为器件的串联电阻,R_{SH} 为器件的并联电阻,I_{PH} 为器件的光电流。结合图可知,R_S 在数值上就等于 $I=0$ 时光电流曲线斜率的倒数;R_{SH} 在数值上就等于 $V=0$ 时光电流曲线斜率的倒数,实验测得太阳能电池的光电流曲线数据后,将其输入计算机,利用 Excel 或 Origin 等数据处理软件即可求得。

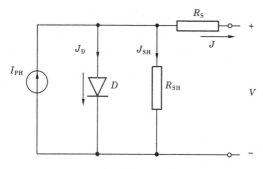

图 1-4　太阳能电池的等效电路

　　太阳能电池的串联电阻和并联电阻直接影响着填充因子,只有 R_S 尽可能小,R_{SH} 尽可能大的时候,才会获得较高的 FF,但是 FF 不可能等于 1。

1.4　相关的测量工具

1.4.1　原子力显微镜

器件中活性层薄膜表面形貌与粗糙度采用原子力显微镜(Atom Force Microscope,简称 AFM)进行表征。AFM 主要由四部分构成:力检测系统、位置检测系统、信号反馈系统和控制系统。AFM 的针尖固定在一个微型悬臂(长度为几百微米)上,且悬臂上装有反射镜,一束激光打到针尖上后会反射到相应的光电探测器上,因此可以通过探测器的信号强弱来判断针尖的高度。一般针尖的高度变化为 0.01 nm 时,探测器探测到的激光反射光的位移可以达到几个纳米。针尖在扫描过程中高度改变引起的信号改变会同步反馈给控制系统,控制系统根据力检测系统及位置检测系统的反馈信号及时调整针尖的高度,这样就保证了针尖受到的力维持恒定,从而可以测定样品表面形貌。

1.4.2　X 射线衍射(XRD)

X 射线衍射是分析薄膜晶体结构的最常用方法。X 射线衍射的物理原理是基于布拉格方程。如图 1-5 所示,掠入射到晶面的 X 射线的入射和反射光程多走了 $DB + BF$ 的距离,且 $d\sin\theta = DB = BF$,由衍射条件可知,当光程差为波长整数倍时衍射才能加强,即需满足布拉格衍射条件:

$$d\sin\theta = n\lambda \tag{1-6}$$

式中　d——晶面间距离;

　　　θ——X 射线的掠射角;

　　　n——衍射级数。

当 X 射线波长 λ 已知时,从每一 θ 角符合布拉格条件的反射面得到反射,测出 θ 角后,利用布拉格公式即可确定点阵平面间距、晶粒尺寸大小和类型。根据衍射线的强度,还可以进一步确定晶体内原子的排布、晶体的择优取向、生长方向等结果。

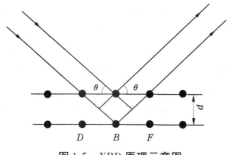

图 1-5　XRD 原理示意图

1.4.3　扫描电镜(SEM)

扫描电镜(SEM)是介于透射电镜和光学显微镜之间的一种微观形貌观察手段,可直接利用样品表面材料的物质性能进行微观成像。扫描电镜的优点如下:

(1)有较高的放大倍数,20～20 万倍连续可调;

(2)有很大的景深,视野大,成像富有立体感,可直接观察各种试样凹凸不平表面的细微结构;

(3)试样制备简单。

目前的扫描电镜都配有 X 射线能谱仪装置,这样可以同时进行显微组织形貌的观察和微区成分分析,因此它是当今十分有用的科学研究仪器。

扫描电镜从原理上讲就是利用聚焦的非常细的高能电子束在试样上扫描,激发出各种物理信息。通过对这些信息的接受、放大和显示成像,获得测试试样表面形貌的观察结果。

扫描电子显微镜具有由三极电子枪发出的电子束经栅极静电聚焦后成为直径为 50 mm 的电光源。在 2～30 kV 的加速电压下,经过 2～3 个电磁透镜所组成的电子光学系统,电子束会聚成孔径角较小,束斑为 5～10 nm 的电子束,并在试样表面聚焦。末级透镜上边装有扫描线圈,在它的作用下,电子束在试样表面扫描。高能电子束与样品物质相互作用产生二次电子、背反射电子、X 射线等信号。这些信号分别被不同的接收器接收,经放大后用来调制荧光屏的亮度。由于经过扫描线圈上的电流与显像管相应偏转线圈上的电流同步,因此试样表面任意点发射的信号与显像管荧光屏上相应的亮点一一对应。也就是说,电子束打到试样上一点时,在荧光屏上就有一亮点与之对应,其亮度与激发后的电子能量成正比。换言之,扫描电镜是采用逐点成像的图像分解法进行的。光点成像的顺序是从左上方开始到右下方,直到最后一行右下方的像元扫描完毕就算完成一帧图像。这种扫描方式叫作光栅扫描。

扫描电子显微镜正是根据上述不同信息产生的机制,采用不同的信息检测器,使选择检测得以实现。如对二次电子、背散射电子的采集,可得到有关物质微观形貌的信息;对 X 射线的采集,可得到物质化学成分的信息。

1.4.4　台阶仪

台阶仪属于接触式表面形貌测量仪器。其测量原理是:当触针沿被测表面轻轻滑过时,由于表面有微小的峰谷,使触针在滑行的同时,还沿峰谷做上下运动。触针的运动情况反映了表面轮廓的情况。传感器输出的电信号经测量电桥后,输出与触针片偏离平衡位置的位移成正比的调幅信号。经放大与相敏整流后,可将位移信号从调幅信号中解调出来,得到放大了的与触针位移成正比的缓慢变化信号。再经噪声滤波器、波度滤波器进一步滤去调制频率与外界干扰信号及波度等因素对粗糙度测量的影响。由薄膜表面与基板表面之间的高度差,即可计算出薄膜厚度。

第 2 章　染料敏化太阳能电池相关理论及工艺

2.1　染料敏化太阳能电池相关理论

染料敏化太阳能电池自诞生以来,就受到研究者的普遍关注。与其他薄膜型太阳能电池不同,这种太阳能电池是以多孔的纳米晶体 TiO_2 半导体膜作光阳极,以羧酸联吡啶钌为染料,以具有恰当的氧化 - 还原电势的材料作为电解质,并以具有催化性的铂电极为阴极组装而成的太阳能电池器件。DSSC 器件的制作成本仅为硅太阳能电池的 1/5 ~ 1/10,其廉价的成本、简单的制作工艺以及稳定高效的光电转化性能,为人类利用太阳能提供了一种廉价、有效的手段。

与其他类型的电化学太阳能电池器件相比,DSSC 器件在半导体薄膜形貌结构上做了较大的改进。常规电化学太阳能电池由于普遍采用致密的薄膜,导致在半导体薄膜表面上只能吸附单层染料,对太阳能的吸收效率较低,一般不到 1%,而多层染料的吸附又会阻碍器件中的载流子传输,因此常规的电化学电池的光电转化效率较低。染料敏化太阳能电池的光阳极采用的是纳米多孔的半导体薄膜,这种结构的半导体薄膜具有很大的比表面积,能吸附更多的染料成分,染料在器件内部形成大量的单分子层,大幅度提高了对入射太阳光的吸收效率,从而显著地提高了电池的光电转化效率。

自 DSSC 被发明以来,经过研究者多年的努力,其光电转化效率不断提高:液体电解质 DSSC 的实验室转化效率已经由最初的 7.1% (AM1.5)发展到现在的 14.8%。固态电解质 DSSC 的效率也从 1998 年的 0.74% 达到现在的 9% 左右。准固态电解质 DSSC 的效率根据日本化学会第 89 届春季年会(2009 年 3 月 27 ~ 30 日)上发布的数据,为

10.3% 。虽然 DSSC 的转化效率在近几年有了较大提高,但以其目前的水平,还是低于已经使用的硅太阳能电池(效率 20%)。因此在今后五年内,DSSC 的发展目标是:转化效率达到 22% ~ 25% 、短路电流 J_{sc} 达到 24.00 mA/cm^2 、开路电压 V_{oc} 达到 0.9 V。如果上述目标得以顺利实现,那么 DSSC 将有可能替代硅太阳能电池而进入大规模使用阶段。

2.1.1 DSSC 工作原理和基本结构

DSSC 的工作过程主要是基于半导体多孔电极的光电化学过程,对其工作原理和工作过程的研究涉及新型纳米结构的光阳极、纳米电极中电子的传输、多孔电极与电解液界面间电荷转移动力学、半导体电极的染料敏化及电解质中空穴传输、能量传递和氧化还原过程等。

DSSC 器件中最常用的半导体材料是 TiO_2 ,其他的半导体材料如 ZnO 、Fe_2O_3 、SnO_2 等在 DSSC 研究中也被广泛关注。使用这些氧化物半导体材料制备的太阳能电池也常见报道,然而,目前使用它们制备器件的光电转化效率远远低于用 TiO_2 制备的太阳能电池器件。研究者推测产生该结果的原因可能是染料分子与这些氧化物半导体分子之间的键合强度弱于染料分子与 TiO_2 分子之间的键合强度,较弱的键合不利于电子由染料分子注入到氧化物半导体的导带,这样,染料原子受激发后产生的电子在注入半导体导带之前,就可能被电解液中的空穴复合,该过程会大大减小器件的短路电流及器件的填充因子。因此,会降低器件的光电转化效率。

DSSC 结构如图 2-1 所示,典型的 DSSC 器件主要由透明导电基底(TCO)、多孔的氧化物薄膜光阳极、产生激子的染料敏化剂、有氧化 - 还原作用的电解质和对电解质中发生的氧化还原反应起着催化作用的对电极(光阴极)等几部分组成。各部分在光电转换过程中的主要作用如下:

透明导电基底在器件中起传导载流子的作用。在制备器件时,为了提高器件载流子的传输性能及器件对太阳光的吸收效率,要求导电基底具有较小的方块电阻和较高的透明性。较小的方块电阻有利于载

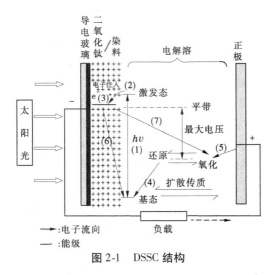

图 2-1　DSSC 结构

流子的传输,较高的透明性则能减少基底对入射光的吸收,提高入射光的利用率。常见的导电基底有掺铟的氧化锡玻璃(ITO)和掺氟的氧化锡玻璃(FTO)两种。ITO 因为具有更好的导电性和透光性且厚度较薄被广泛地应用到通信、显示领域。但是,在制备 DSSC 的过程中,为了加强纳米晶半导体颗粒之间以及颗粒与导电基底之间的结合,通常会在 450 ~ 500 ℃的温度下煅烧电极。ITO 的方块电阻会随着温度的升高而增加,进而降低载流子的传输效率。与之相比较,FTO 在 600 ℃时仍能保持方块电阻基本不变,因此在制备 DSSC 器件时,通常选用 FTO 作为导电基底。

多孔的半导体薄膜在 DSSC 器件中起着至关重要的作用,一方面,作为电子传输的通道,希望其有较好的电子传输能力,这就要求半导体内部纳米晶体颗粒之间有较好的电性联结;另一方面,作为染料的载体,又希望它能吸附更多的染料以获得更大的短路电流。另外,在半导体薄膜内部还应有较大的空间以保证电解液在其内部有较好的流动性和渗透性。综上所述,纳米晶体半导体应具备以下性质:

(1)较大的比表面积:大比表面积的半导体呈现出多微孔的电极结构,有利于电极在被敏化时吸附较多的染料成分,从而在工作时产生较大的短路电流。

（2）半导体材料的能级要与电池其他部分相匹配：半导体氧化物薄膜、染料分子、氧化 - 还原电解质三者之间的能级要求相互匹配，合适的能级匹配可以提高染料中的电子向氧化物半导体的注入效率。

（3）半导体氧化物要有高的费米能级：DSSC 器件的开路电压与半导体费米能级有关，高的费米能级有利于提高太阳能电池的开路电压。

（4）较少的晶格缺陷和晶体界面：晶格缺陷和晶体界面能"捕获"载流子，因而会降低器件的转化效率。较少的晶格缺陷和晶体界面是保证载流子顺利传输的重要条件。

目前的研究结果表明，纳米晶体 TiO_2 膜是最理想的 DSSC 光阳极。从晶型上分，TiO_2 晶体有无定型和结晶型两种，板钛矿（Brookite）型属于无定型，结晶型中有金红石（Rutile）型和锐钛矿（Anatase）型两种不同的晶型，如图 2-2 所示，它们的主要区别在于八面体结构中内部扭曲和结合方式不同，这些结构上的差异导致了两种晶型有不同的密度及电子能带结构。锐钛矿型的 TiO_2 材料密度（3.894 9 g/cm^3）略小于金红石型的（4.250 g/m^3），带隙（3.2 eV）则略大于金红石型的（3.1 eV）。

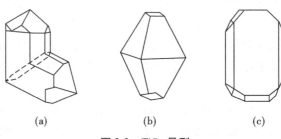

　　　　(a)　　　　　　　(b)　　　　　　　(c)

图 2-2　TiO_2 晶型

研究表明，金红石型 TiO_2 晶体对染料的吸附能力较差，且制成的纳米晶薄膜比表面积较小，电子和空穴容易复合，薄膜中电子的迁移率较低。因此，金红石型 TiO_2 的光活性比较差，不适合用来作半导体氧化物制备 DSSC 器件。与金红石型相比较，锐钛矿型 TiO_2 薄膜的光活性强，适于制备 DSSC 光阳极的半导体薄膜。要注意的是，锐钛矿型

TiO_2 晶体在高温下可以转化为金红石相,转化温度为 600~1 000 ℃。因此,为了得到纯锐钛矿型的 TiO_2 薄膜,制备 DSSC 光阳极薄膜时,灼烧温度通常保持在 450~500 ℃。

染料敏化剂是 DSSC 器件的重要部分之一,在太阳能电池中起着产生激子的作用。在太阳光的照射下,染料分子受到激发,分子中的电子由 HOMO 轨道迁到 LOMO 轨道。随后,激发态的染料分子将电子注入到氧化物半导体的导带,同时自身转化为染料氧化态(Dye$^+$),注入导带中的电子从半导体光阳极流出,实现电荷分离,产生光电流。能级与半导体的能级匹配较好,激发态的寿命长;稳定性好、寿命长,能承受 10^4 次激发—还原—氧化过程。经过长期的探索,目前比较成熟的染料敏化剂主要有 N3 和 N719 两种,二者比较,N719 有更大的开路电压值和更高的光电转化效率。

目前对光敏染料的研究工作大多集中在染料的光物理、光化学和电化学性能方面,而在常用的 N3 和 N719 等钌吡啶有机金属配合物染料中,配体与金属离子全部通过配位键相结合,配位键的强弱直接决定着染料的稳定性,关系到太阳能电池的使用寿命。因此,对光敏染料自身结构及其配体相对稳定性的研究对提高染料性能具有非常重要的意义。

电解质在 DSSC 中的作用主要有两个方面:一方面,电解质可以迅速地传导激子分离后产生的空穴;另一方面,电解质中还原剂必须能迅速地还原染料正离子,而自身还原电位要低于电池电位。电解质可分为液态、固态和准固态三种,其中,液态电解质电池的转化效率较高。

光阴极(对电极)在器件工作时主要有两种作用:传输空穴和对电解液中的氧化还原反应起催化作用。这两个作用要求对电极应该有较好的导电性能和催化性能。目前,主要用镀铂的 FTO 作为对电极。研究表明,少量的铂就会对 DSSC 器件中的氧化还原反应起到很好的催化作用,因此研究中对铂膜的形貌并没有更加具体的要求。除铂膜外,其他材料的薄膜例如碳膜也被研究者所关注,但是由于其催化作用较铂膜差,所以目前制备对电极薄膜还是以铂材料为主。

染料敏化太阳能电池的工作包括以下几个过程:染料在光照下激

发后,产生电子 – 空穴对(激子),电子和空穴对在染料与氧化物半导体之间的界面发生分离,分别以相反的方向在闭合的回路中传输,电子经半导体氧化物的传输后,由器件的光阳极流出。空穴则通过电解质的传输,由器件的对电极流出,从而达到光电转换的目的。具体来说,DSSC 工作时主要包括如下几个物理、化学过程:

(1)染料分子吸收太阳光中的光子后从基态 D 跃迁到激发态 D^*:

$$D + h\upsilon \longrightarrow D^* \tag{2-1}$$

(2)激发态染料 D^* 中的电子注入到纳米晶半导体的导带中;

$$D^* \longrightarrow D^+ + e^- \tag{2-2}$$

(3)注入半导体的电子经半导体内部扩散至透明导电基底上;

(4)电子经闭合外电路传输至对电极;

(5)处于氧化态的染料被电解质还原,在该过程中,失去电子的染料分子被电解液中的还原成分还原,电解质自身变成氧化态:

$$e^- + \frac{1}{2}I_3^- \longrightarrow \frac{3}{2}I^- \tag{2-3}$$

2.1.2　DSSC 器件相关设计的理论

DSSC 光阳极厚度决定器件中短路电流和开路电压数值大小。光阳极过厚或者过薄都会影响器件的转化效率。过薄的光阳极中含有的 TiO_2 纳米颗粒较少,光阳极不能吸附足够的染料,在光照时敏化剂产生的载流子数目较少。另外,光阳极过薄还会减少器件对入射光的利用率,入射光照到较薄的光阳极上时,有一部分光会通过光阳极进入器件内部,最后从对电极射出,这部分能量在器件中得不到充分的应用,减少了入射光的利用率。因此,过薄的光阳极会减小器件的光电转化效率。当然,光阳极也不是越厚越好,过厚的光阳极薄膜虽然能吸收较多的染料,理论上可以产生更多的电子 – 空穴对,带来较大的短路电流。但实际上厚的光阳极薄膜有两个缺陷:

(1)影响电子的传输。敏化剂产生的电子在光阳极薄膜中传输,光阳极过厚时,电子还没有传输到导电基底就被电解液中的空穴复合,因而会减小器件的转化效率。

（2）过厚的薄膜中往往还会存在较多的缺陷和晶界，这些都会增加电子被俘获的概率，从而降低器件的转化效率。

因此，DSSC 的器件光阳极的厚度应该有一个最佳值。对光阳极薄膜最佳厚度的理论计算过程如下：

在 DSSC 器件的光阳极纳米晶薄膜中，电子的产生和传输可用连续方程表示，即

$$\frac{\partial n}{\partial t} = -\frac{\partial J}{\partial x} \qquad (2\text{-}4)$$

连续方程是反应器件在光照下产生的载流子浓度变化与载流子在器件内部扩散的基本关系。由本构方程还可以得到电流密度 J 与器件中的电子浓度梯度之间的关系，即

$$J = -D\frac{\partial n}{\partial x} \qquad (2\text{-}5)$$

式中　D——电池中载流子的扩散系数。

有

$$\frac{\partial n}{\partial x} = D\frac{\partial^n}{\partial x^2} \qquad (2\text{-}6)$$

若器件中是不可逆反应，则式（2-6）变化为

$$\frac{\partial n}{\partial t} = -\frac{\partial J}{\partial x} - k(n - n_0) \qquad (2\text{-}7)$$

当器件处于稳定状态时，则式（2-7）可变为

$$\frac{\partial^2 n}{\partial x^2} - \frac{n - n_0}{L_n^2} = 0 \qquad (2\text{-}8)$$

可以得出器件中电子的扩散长度为

$$L_n = \sqrt{D\tau_n} \qquad (2\text{-}9)$$

式中　D——电子在光阳极材料导带中的扩散系数；

　　　L_n——载流子（电子）在光阳极中的扩散长度；

　　　τ_n——电子的寿命。

电子扩散长度对于 DSSC 器件来说是一个重要参数，当光阳极厚

度小于电子的扩散长度时,染料产生的电子都可以有效地由导电基底导出,当光阳极厚度大于电子的扩散长度时,染料产生的电子则不能全部由电极导出,导致器件效率下降。

2.1.3　器件的串联电阻和并联电阻与其他参数的关系

DSSC 器件串联电阻 R_S 主要来源于构成器件的各个部分界面之间的接触电阻,R_S 的大小体现了载流子在器件内部的传输性能。器件中并联电阻 R_{SH} 主要来源于器件各部分的漏电流。R_{SH} 与器件的开路电压之间的关系可由以下推导得出。

由基尔霍夫电流定律和 DSSC 器件等效电路可得

$$I = I_{PH} - I_0\left\{\exp\left[\frac{q(V+R)}{nkT}\right] - 1\right\} - \frac{V+R_{SH}}{R_{SH}} \qquad (2\text{-}10)$$

式(2-10)中,当 $V=0$ 时,即可得到短路电流与 R_S 及 R_{SH} 关系,即

$$I_{SC} = I_{PH}/\left[1 + R_S/R_{SH}\right] \qquad (2\text{-}11)$$

上述推导说明,对于一个高效率的器件来说,需要恰当的光阳极厚度、较小的等效串联电阻和较大的等效并联电阻。即在制备器件时,一方面,要尽量提高器件内部的电子传输性能,将更多的电子传导到外电路;另一方面,又要尽量避免器件内部载流子的复合。

2.1.4　光阳极薄膜的形貌理论

光阳极薄膜的形貌是否有利于吸附染料及电子传输将会对器件性能产生巨大影响。为了传导电子,光阳极薄膜内部应形成较好的传输网络,即电极内部单个晶粒之间要紧密结合。另外,电极应该有比较大的比表面积,利于光阳极吸附更多的染料敏化剂。使用传统的制膜方法制备的薄膜不能满足上述要求,因为传统方法制备的薄膜相对较致密。致密的薄膜内部晶粒结合紧密,对传导载流子比较有利,但存在如下缺点:第一,致密的薄膜不利于电解液向光阳极薄膜内部渗透,因此不利于传导空穴。第二,薄膜的比表面积较小,不能吸附足够的染料,因此不能获得较大的短路电流。

纳米多孔光阳极薄膜的出现,为解决上述问题提供了新的思路。

这种薄膜内各个单晶之间结合紧密,有比较好的电子传输网络,而薄膜本身因为是多孔状结构,具有较大的比表面积,往往是本体材料的几百倍甚至上千倍,有利于提高器件的采光效率。另外,高度多孔性使得电解液在薄膜内部渗透性好,有利于纳米颗粒与电解液的接触。这为光生电子及空穴进行的界面氧化和还原反应提供了有利的环境,加快了界面电荷转移速度,提高了光电转化效率。图 2-3 为高性能的纳米晶多孔结构光阳极薄膜的 SEM 图像。

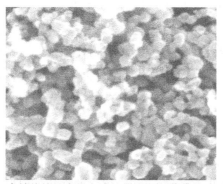

图 2-3　高性能的纳米晶多孔结构光阳极薄膜的 SEM 图像

衡量 TiO_2 多孔薄膜吸附染料能力优劣的关键指标是多孔纳米晶薄膜中孔的大小和数量,即孔径和孔隙率。相同厚度的 TiO_2 薄膜,若薄膜内孔径过大,则薄膜中的微孔数目就少,即孔隙率低。虽然此时薄膜的比表面积较大,但是,这样的薄膜在敏化时吸附的染料较少,组装器件后,产生的光电流小;孔径过小、孔隙率过高的 TiO_2 薄膜也表现出较小的光电流。这主要是由于薄膜内微孔的孔径太小会减小多孔薄膜的比表面积。另外,过小的孔径还会影响电解液在薄膜中的渗透和扩散,进而会阻碍电解液中氧化、还原离子的扩散。特别在强光照下,电解液中的氧化及还原离子由于在微孔内扩散速度太慢,造成载流子的复合等损耗。影响薄膜电极的光电性能,降低太阳能电池的转化效率。因此,在制备 DSSC 器件光阳极薄膜过程中,需要在孔径大小和微孔多少问题上找到一个平衡点。

　　另外,光阳极薄膜的光吸收系数 a 和电子扩散系数 D 也会随着孔隙率的变化而变化。在制备 DSSC 器件过程中通过改变电极的孔隙率可以提升器件性能。若材料的吸收系数 a 不变,随着电子扩散长度 D 的增加, J_{SC} 增加,但是 V_{OC} 基本不变。这是因为尽管电子扩散长度 D 的增加使电子在光阳极薄膜中自有运动的路径变大,在确定时间内会有更多的电子被传输到外部电路,从而器件输出电流增大,然而,上述变化也会降低器件内部的电子浓度 n_0 ,使得 V_{OC} 基本保持不变。 D 主要由入射太阳光的光强及电极中孔隙率来决定。

　　对于 DSSC 器件来说,入射光为太阳光,在器件工作时入射光光强保持不变。所以,在研究中可以通过对光阳极的孔隙率进行优化以获得较高的输出功率。根据以上理论分析,使用变量重叠法建立了研究孔隙率与器件性能关系的模型。研究表明,当器件的孔隙率较低时,随着薄膜孔隙率 P 的增加,器件的短路电流密度 J_{SC} 增加但开路电压 V_{OC} 几乎不变。这是因为当光阳极的 P 值较小(<0.41)时,增加器件的孔隙率一方面增加薄膜的比表面积,增加了电解液的渗透性;另一方面,增加了电子平均扩散长度。因此,器件的性能得到提高。当光阳极的 P 值大于 0.41 时,随着 P 值的继续增加,短路电流 J_{SC} 和开路电压 V_{OC} 都会减小,这主要因为随着孔隙率 P 的增加,光阳极中孔径会减小,阳极薄膜会变得更加致密,致密的薄膜会降低薄膜的比表面积,从而导致 a 值降低。另外,还会降低电解液在器件中的流动性,阻碍空穴在器件中传输,从而增大载流子的复合概率。

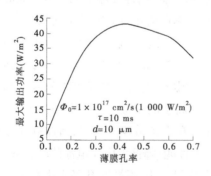

图2-4　最佳孔率的模拟结果

　　图2-4 是对孔隙率与器件性能变化关系的模拟结果,可以看到,当 $P < 0.41$ 时,随着薄膜孔隙率 P 的增加, J_{SC} 和 V_{OC} 都有增加的趋势。然而当

$P \geqslant 0.41$ 时,电流开始变小,电压却持续地轻微增长。综合上述结果,为了获得最大的输出功率,薄膜的孔隙率 P 应该保持在 0.41 左右。上述分析结果,P 值设定在 0.41 方可得到最佳的 $I—V$ 特性曲线。Frank小组通过对浆料中加入聚乙二醇(PEG)的实验研究,得出在 DSSC 电池中用纳米晶 TiO_2 薄膜的最佳孔隙率在 50% 左右的结论。这与模拟结果基本相符。

在制备 TiO_2 多孔电极时,常通过在制备 TiO_2 的浆料中加入一定比例的高分子材料来控制光阳极中孔径的大小和孔隙率。将高分子材料加入制备的浆料,经过研磨、球磨、超声等分散过程后,其成分会在浆料中占有一定的空间体积,在后期高温灼烧的过程中,由于有机高分子材料被蒸发掉而在 TiO_2 薄膜中留下空位,使得薄膜呈现出不规则的多孔状态。薄膜内的孔隙率和孔径大小最终取决于加入高分子材料的成分和比例。

除了孔径大小和孔隙率,光阳极薄膜晶体粒径大小对 DSSC 的转化效率也有很大影响。根据光学理论,光阳极薄膜中较大的 TiO_2 颗粒(250 ~ 300 nm)具有较强的光散射能力,被散射光的光子在薄膜内经过多次的反射和折射,光程增长,促进了染料分子对光的再次吸收,因而会提高入射光的利用率、增加向 TiO_2 导带的电子注入量,从而提高 DSSC 的光转化效率。但是,粒径太大,会减小薄膜的比表面积,从而减少染料薄膜的吸附,不利于光电转化。如果粒径过小,则纳米晶电极内界面过多,晶界势垒将会阻碍电子传输,导致 TiO_2 纳米晶体之间界面电阻的增大。同时,纳米晶电极的孔径将随之变小,TiO_2 电极吸附染料后,剩余的空间很小,电解质在其中扩散的速度将大大降低,对 DSSC电池的光电性能也会产生负面影响。研究表明,在多孔的纳米晶薄膜中,粒径 15 ~ 30 nm 的 TiO_2 薄膜具有较好的性能。

实际上,制备 DSSC 的实验表明,大小颗粒的搭配可以提高光电流。据报道,在实验中使用粒径为 20 nm 的 TiO_2 颗粒和作为散射中心的粒径为 250 ~ 300 nm 大颗粒混合,可以起到增加对太阳光吸收的作用。这种工艺可以明显提高 TiO_2 薄膜在低能区(如 650 ~ 900 nm)的

图 2-5　含有大颗粒 TiO₂ 散射层的薄膜 SEM 图像

光谱响应。图 2-5 为含有大颗粒 TiO₂ 散射层的薄膜 SEM 图像。

目前广泛应用于光电器件中的光子晶体也被研究者应用于 DSSC 器件中以提高器件对光的利用效率。其研究思路是在 TiO₂ 薄膜上交替沉积折射率不同的薄膜层,入射光由于布拉格散射而形成在薄膜层中的无损传播。

除多孔纳米晶薄膜外,其他结构的二氧化钛电极薄膜也被广泛关注。一维纳米结构薄膜,例如二氧化钛纳米管、纳米线、纳米棒等因为在形貌上具有比较规则的结构,与多孔的纳米晶电极相比较,规则的纳米结构有更加快速传导载流子的特点,因此理论上应该具有比多孔纳米晶二氧化钛薄膜更加优良的特性。研究者在这方面进行了一些初步的尝试。但是,事实上一维纳米结构制备的 TiO₂ 电极与多孔纳米晶 TiO₂ 电极相比较,并没有更好的表现,这可能是因为一维结构的二氧化钛薄膜所含的 TiO₂ 纳米晶颗粒较少,在敏化过程中不能吸附足够的染料,从而导致该种结构的太阳能电池转化效率较低。

与其他结构相比较,由于球壳或者零维 TiO₂ 薄膜既有较大的比表面积,又有较少的晶界,因此具有较好的特性。使用该种 TiO₂ 薄膜制备的太阳能电池器件具有较高的转化效率。目前,一些学者对零维结构 TiO₂ 薄膜的制备进行了初步研究,并且已经取得了一些可喜的成果,韩国研究者 2012 年报道了利用喷雾方法制备零维球状结构光阳极所采用的实验原理、薄膜的形成过程及制备电极的形貌。作者详细分析了零维球状电极的优点,指出了与多孔纳米晶 TiO₂ 电极相比较,零维球状电极同时具有光利用率高和空穴传输效率高等优势,因而可以获得更高的转化效率。

2.2　制备 DSSC 通用工艺

使用不同方法制备 DSSC 器件的 TiO_2 光阳极时,对浆料制备、薄膜退火导电玻璃的处理、器件组装、电极敏化、光阳极修饰、电解液灌注、器件封装等工艺过程均相同,这样做的目的主要是排除在实验中因工艺过程不同给器件性能带来的影响。在此,先将这些相同的工艺过程进行简单介绍。

2.2.1　浆料分散工艺

在使用刮涂、旋涂和丝网印刷工艺制备二氧化钛电极时,浆料的物理性质,包括黏度、酸性、颗粒大小及浆料分散的均匀性等都会对制备的薄膜形貌产生巨大影响。均匀分散的浆料是保证器件性能稳定性的主要因素,制备 TiO_2 光阳极的原料一般使用商用的纳米二氧化钛颗粒 P25 粉,其粒径标称为 25 nm。实际上,在存放、运输以及研磨过程中,由于二氧化钛的颗粒的团聚作用,粉末中颗粒粒径可能会达到 140 nm 左右甚至更大,根据文献报道,当颗粒粒径大于 70 nm 时,制备纳米晶电极的性能较差。因此,在制备电极时,为了得到性能较好的光阳极,通常要使用一些设备将浆料粒径控制在 70 nm 以下。浆料的制备和分散主要包括研磨、球磨、超声和磁力搅拌等工艺过程。研磨过程主要在直径为 9 cm 的玛瑙研钵内完成,采用玛瑙研钵主要是为了避免其他成分的杂质混入浆料,给器件带来不良影响。在研钵内将购买的 P25 粉末或者 P25 粉和其他成分混合而成的浆料得到较长时间的研磨,使粉末或者浆料在研钵内得到充分的分散,以达到减小浆料粒径的目的。研磨结束后,还会对浆料进行较长时间的球磨,球磨工艺主要由行星式球磨机完成。球磨后还要将浆料移入封闭的烧杯内进行约 30 min 的超声分散。最后用磁力搅拌器对浆料进行长时间的搅拌分散。经过这些分散过程,就可以得到混合均匀、性能稳定、平均粒径小于 60 nm 的浆料。

2.2.2　退火工艺

通常制备好的 TiO$_2$ 薄膜,为了增加其载流子传输能力及增强阳极薄膜与基板的结合能力,制备好的阳极薄膜一般要在温度为 450 ~ 500 ℃环境下进行退火。退火过程一般在管式炉中进行。图 2-6 为自行设计的退火炉。其主体是一个半径为 3 cm 的石英管,在石英管外面包围一个半径为 10 cm 的管式电炉,石英管的内壁与温控仪的 K 型热电偶相连接,这样既可以实时监测炉内温度,又可以实现温度控制功能。经实际测量,在管式炉石英管中约有长度为 20 cm 的温度区域是均匀的,因此在灼烧器件的过程中,使用炉子温度均匀的部分对器件进行加热,以保证各器件加热过程基本一致。管式炉的另一端,通过一个橡皮塞和气阀将压缩空气与石英管相连接,在加热的过程中,可以缓慢地向石英管中输入压缩空气,这样,一方面,可以实现使用热空气加热放置于石英管内的电极的要求;另一方面,还可以将电极灼烧时产生的废弃有机物从另一端吹出来。图 2-7 是在退火炉制备器件时的退火升温曲线。

图2-6　退火炉

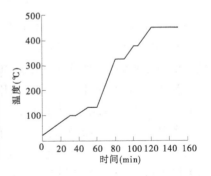

图2-7　退火升温曲线

2.2.3　清洗工艺

目前,对于在 DSSC 器件中作为基板的透明导电玻璃,根据研究的方向不同,研究者一般有两种选择:掺铟的氧化锡玻璃(ITO)和掺氟的氧化锡玻璃(FTO)。ITO 在 400 ~ 1 000 nm 波长范围内透过率达 80% 以上且在近紫外区也有很高的透过率。因此,目前,作为高效率的透明导电玻璃,ITO 被广泛应用于光电行业。然而,制备 DSSC 的电极过程中,通常要经过 450 ℃以上的升温过程。在升温过程中,ITO 的方块电阻会随着温度升高发生很大的变化,测试结果表明,当温度从 200 ℃升高到 475 ℃时,ITO 的面电阻由 10 Ω/m^2 增大至 510 Ω/m^2。该变化会引起器件串联等效电阻的增加,因而会大大降低器件的载流子传输效率。FTO 方块电阻较大且光透过率较低,厚度也较大(约 2.2 mm),不能应用于超薄的光电器件中。但其方块电阻在 0 ~ 600 ℃能基本保持不变,因此在制备 DSSC 光阳极时,通常选用 FTO 作为光阳极以及对电极的基片。

　　FTO 玻璃的清洗工艺在整个器件制备的过程中至关重要。导电玻璃的表面是否清洁,直接关系到 TiO_2 薄膜与导电玻璃的附着强度,进而会影响 TiO_2 薄膜和透明电极之间的电子传输,对此应给予高度重视。FTO 的清洗过程如下:将切割好的玻璃(20 mm × 15 mm)在浓度为 10% NaOH 溶液中浸泡 10 min,此过程主要是除掉 FTO 在切割过程中沾上的一些有机成分。将玻璃从 NaOH 溶液中取出后,在去离子水中超声 5 min,去除附着在玻璃表面的 NaOH 成分以及其他杂质,将FTO 从去离子水中取出,放置于 65 ℃的中性洗液中超声 30 min,该过程可以去除绝大部分玻璃表面的杂质。将玻璃用去离子水冲洗 5 min,最后将玻璃放入温度为 55 ℃的去离子水中超声 15 min,当玻璃上的水分既不残留在玻璃表面也不成股流下时,即完成对 FTO 的清洗。上述过程完成后,将清洗好的玻璃放入 120 ℃的烘箱中烘干待用。

2.2.4　导电玻璃的预处理

　　FTO 玻璃经清洗后,表面附着的有机、无机杂质已经基本除去,但是其表面还要经过氧等离子体的处理才能使用。氧等离子体处理有两方面的作用,其一,通过等离子体对 FTO 表面的打磨,减小 FTO 表面的粗糙度,改善基板与 TiO_2 薄膜的接触情况。其二,可以改变 FTO 的功函数,提高 FTO 与 TiO_2 薄膜之间的电子传输效率。氧等离子体预处理过程如下:将洁净的 FTO 玻璃放入真空室中,当真空室中真空度升高到 1.0×10^{-4} Pa 后,在开着真空泵的情况下,缓慢地向真空室内通入高纯度的氧气,当真空系统的真空度保持在 1.0×10^{-3} Pa 时,将 0.4 kV 的电压加在真空室中的两个相对的平板金属电极上,这时,在两个电极之间形成一个等离子区。研究表明,对器件进行氧等离子体处理,可以使器件效率增加 10% 左右。

对太阳能电池来说,电子与空穴的复合会严重影响电池性能。在 DSSC 中,发生在 FTO 和 TiO_2 界面之间的逆反应表现为在二者的界面上的电子向电解质注入,并与电解质中的 I_3^- 发生的电荷复合过程,该过程对 DSSC 的转化效率影响很大。为了抑制该逆反应,在 FTO 玻璃上镀一层致密的 TiO_2 薄层,可以有效地降低电子与电解液中的 I_3^- 发生反应。另外,在制备 TiO_2 光阳极时,在薄膜上不可避免地会出现一些细小的裂纹,电解液渗入薄膜后,通过这些裂纹与 FTO 直接接触,减小器件的并联电阻,就会增大器件漏电流,为了增加器件的等效并联电阻,减少光阳极薄膜与玻璃之间的漏电流,通常也需要在 TiO_2 薄膜和导电玻璃之间制备一层致密的 TiO_2 薄膜。FTO 玻璃上这层致密的 TiO_2 薄层,通常称为阻挡层。

阻挡层可以用电子束蒸发、化学气象沉积法、气溶胶沉积热解法、喷雾热解和 $TiCl_4$ 溶液浸泡等方法制备。喷雾热解法工作示意如图 2-8 所示:在压缩空气的推动下,含有 TiO_2 先驱物的气溶胶经喷嘴喷到放在热板上的 FTO 玻璃上,热板的温度为 450 ℃。在高温下,有机物发生热解,从而在基板上形成一层致密的 TiO_2 薄膜。

在制备 DSSC 电池时,将 FTO 玻璃浸泡在 $TiCl_4$ 的水溶液中以在 FTO 玻璃表面形成阻挡层的方法也是实验室中较常用的方法。使用 $TiCl_4$ 制备阻挡层具体过程如下:等离子处理后的导电玻璃,被浸入温度为 75 ℃ 的 $TiCl_4$ 的水溶液中 40 min。$TiCl_4$ 水溶液的浓度为 40 mmol/L。该过程完成后,将 FTO 玻璃用去离子水冲洗并烘干,烘干后的玻璃表面由无色变成白色。

除上述方法外,使用溶胶 - 凝胶(Sol - Gel)方法制备致密 TiO_2 阻挡层,在实验室中也被广泛采用,具体的实验过程如下:将 8 mL,0.64

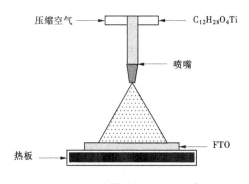

图 2-8 喷雾热解法工作示意

mol/L 氧硫化钛 (titanium oxide sulfate) 与 8 mL, 4 mol/L 的氨水混合并强烈搅拌, 二者混合后, 会产生白色沉淀, 将该沉淀反复离心并用去离子水冲洗, 除去沉淀中的 $C_2O_4^{2-}$、SO_4^{2-} 及沉淀中残留的氨水。将洗净后的沉淀在 5 ℃ 的温度下溶解于 6 mL H_2O_2 (29% ~ 32%) 中, 溶解后溶液呈现橙色, pH 约为 3, 该溶液可在 5 ℃ 下保存 24 h。随着时间的延长, 该溶液会逐渐变成黄色溶液, 进而失效。将制备好的新鲜溶液中加入 2 mL, 8 mol/L 氨水, 上述溶液则变为 pH 为 5 的黄绿色溶液, 将上述溶液采用匀胶机迅速旋涂在氧等离子体处理过的 FTO 玻璃上, 匀胶机转速为 3 000 r/min, 旋涂时间为 30 s。制备好的薄膜在 150 ℃ 的热板上加热 1 min, 完成一个旋涂周期, 上述一个周期形成的 TiO_2 薄膜的厚度为 18 ~ 20 nm, 为了达到较好的阻挡效果, 作者一般采用 6 ~ 8 个旋涂周期, 即在 FTO 上面形成厚度为 150 nm 左右的阻挡层。

2.2.5 对 TiO_2 薄膜的处理

制备完毕的二氧化钛薄膜在敏化之前, 对其使用不同的手段进行处理, 可以提高器件的性能。常用的方法是使用 $TiCl_4$ 水溶液对薄膜进行处理。该方法是实验室比较常用的处理方法, 在纳米晶 TiO_2 电极制好后, 通常要在 70 ℃, 40 mol/L $TiCl_4$ 溶液中浸泡 40 ~ 60 min, 将浸泡后的电极薄膜用去离子水冲洗后, 在加热炉中升温至 450 ℃, 即完成对 TiO_2 薄膜的处理。电极经过该过程处理后, 器件的短路电流和开路电压均有所提高。有以下几种可能的原因导致器件性能得到优化：第一，在用 $TiCl_4$ 处理 TiO_2 薄膜的过程中，$TiCl_4$ 水解生成的小颗粒粒子沉积在 TiO_2 薄膜中，增强了 TiO_2 纳米粒子之间的电性接触。第二，通过对纳米 TiO_2 薄膜表面进行处理，可以改善纳米晶 TiO_2 薄膜中的电子扩散传输性能，提高表面态密度，使 TiO_2 电极表面与染料分子之间结合力增大，从而提高了电子的注入效率。第三，该过程可以增加 $TiCl_4$ 的活性，使 TiO_2 表面得以活化，具有帮助 TiO_2 重构有序排列，增大 TiO_2 薄膜的表面积，修补 TiO_2 薄膜裂缝的作用，使电极表面粗糙度增加，吸附的染料分子增多，最终达到提高电池的光电性能的目的。第四，由于 $TiCl_4$ 水解后产生的微小的 TiO_2 颗粒会沉积在制备好的电极薄膜上，对制备过程中因为张力不均匀形成的裂纹起到修补的作用，裂缝的消除或减少则有利于减少漏电通道，增加光阳极传导能力，因而可以大大提高短路电流。第五，有人认为在纳米二氧化钛内部会有一些铁离子的存在，铁离子会对器件的性能带来不利影响，$TiCl_4$ 水溶液处理会对电极中的铁离子形成包裹作用，因而能够提高器件的效率。第六，Zhang 和 Liu 指出：经 $TiCl_4$ 处理之后，TiO_2 薄膜表面发生了某种重构，增加了染料与光阳极薄膜的键合强度，有利于电子的注入。但是，经过 $TiCl_4$ 处理后，器件的填充因子 FF 会有少许下降。但总的来说，$TiCl_4$ 水溶液的处理对器件性能有一定的提高。表 2-1 使用 $TiCl_4$ 处理电极及导电玻璃后的器件数据。研究中还发现，除 $TiCl_4$ 的水溶液处理光阳极可以大幅度提高器件光电性能外，一些酸溶液对电极薄膜进行处理也可以提高器件的性能。Hao 等用浓度为 0.1 mol/L 盐酸浸泡电极，发现期间效率得到显著提高，该文献作者认为，低浓度的盐酸浸泡可以激活 TiO_2 薄膜的表面活性，促使光阳极薄膜对染料的吸附。在研究中，作者尝试了将制备好的 TiO_2 薄膜浸泡在浓度为 0.1 mol/L 乙酸溶液中，处理时间为 16 h，表 2-2 是处理后器件与未处理器件的结果对比，从结果中可以看到，器件的填充因子由 51% 提高到 65%，产生该结果的原因可能是乙酸对器件中纳米晶电极的酸化作用提高了光阳极的表面活性。

表 2-1　TiCl$_4$ 处理电极对器件性能的影响

器件处理方法	短路电流 J_{SC}（mA/cm^2）	开路电压 V_{OC}（V）	填充因子 FF（%）	转化效率 PCE（%）
未处理	9.30	0.71	0.64	4.32
TiCl$_4$ 处理	14.40	0.73	0.58	6.24

表 2-2　乙酸浸泡对器件性能的影响

器件处理方法	短路电流 J_{SC}（mA/cm^2）	开路电压 V_{OC}（V）	填充因子 FF（%）	转化效率 PCE（%）
未处理	13.00	0.75	51	4.9
TiCl$_4$ 处理	13.58	0.77	65	6.8

4 - 叔丁基吡啶(4-tert-butylpyridine)也常被用来处理 DSSC 光阳极薄膜以提高器件的光电效率。器件效率得以提高的原因可能是 4 - 叔丁基吡啶会升高 TiO$_2$ 的费米能级,因而会升高 DSSC 器件的开路电压。但是,TiO$_2$ 费米能级升高也会给电子从染料向电极注入带来困难,从而会在一定程度上减小器件的短路电流。但综合起来,光阳极被 4 - 叔丁基吡啶处理后,器件的光电转化效率有所提高。

除了上述化学处理方法,还有一些物理处理光阳极薄膜方法也被广泛研究,其中对光阳极表面采用等离子体处理和使用紫外光照射的方法在提高光阳极性能上也收到了较好的效果。

2.2.6　电极敏化工艺

N3 和 N719 是两种被广泛应用于 DSSC 器件制备的染料。比较二者性能发现,使用 N3 作染料组装的电池可以获得较高的短路电流 J_{SC},但是器件的开路电压 V_{OC} 及填充因子 FF 均小于使用 N719 作为染料的器件。因此,研究中常使用 N719 作为染料敏化剂,具体敏化工艺如下:将 N719 溶解于纯度为 99% 以上的乙醇中,制备浓度为 $(3 \sim 5) \times 10^{-4}$ mol/L 的 N719 溶液待用,经过 TiCl$_4$ 水溶液处理后的 TiO$_2$ 薄膜,需要再次升温至 450 ℃,并在该温度下保持至少 30 min。这次升温过

程主要是使 $TiCl_4$ 水解后生成的 TiO_2 颗粒与 P25 粉末形成的纳米晶体紧密地结合在一起,形成高效的电子传输网络。当薄膜温度在空气中降低至大约 80 ℃时,将电极放入上述制备好的染料中,并在封闭的容器内避光保存,敏化时间一般为 12 ~ 24 h,完成敏化后的电极根据染料浓度不同呈浅紫或者深紫色。一些研究者认为,敏化时间不宜长于 24 h,长时间浸泡电极会引起对染料的多重吸收,对器件转化效率产生不利的影响。

2.2.7　电解液的配制

电解液在 DSSC 器件中非常重要,与染料敏化剂、半导体薄膜一样也是目前 DSSC 研究者的主要研究目标。电解液在器件中起传输和还原空穴的作用。电解液的性能直接影响器件的转化效率。电解液溶液中通常含有以下成分:碘(I_2)、碘化锂(LiI)或者碘化钾(KI)、四丙基碘化铵($C_{12}H_{28}IN$)、4 - 叔丁基吡啶($C_9H_{13}N$)及乙腈(C_2H_3N)、戊腈(C_5H_9N)等成分。电解液中的乙腈、戊腈等溶剂成分不稳定,容易挥发。因此,在使用电解液时,应尽量减少电解液放置于大气中的时间。

2.2.8　对电极制备

对电极在 DSSC 中主要有两个作用:①将激子分离产生的空穴顺利导出。②在对电极上完成对电解液的还原。对电极上发生的反应主要是 I_3^- 在光阴极上得到电子再生成 I^-,该反应越快越好,但由于 I_3^- 在光阴极上还原的反应较慢,该反应会引起空穴传输相对于电子传输的延迟,造成电子—空穴传输的不均衡,严重影响了器件的性能。为了解决这个问题,可以在导电玻璃上镀上一层铂(Pt),形成铂层。Pt 层对 I_3^- 的还原反应起到催化作用,提高反应速度。Pt 对电极的制备方法常用溅射法及热解法,使用溅射法可以得到表面均匀的反射铂膜,该膜兼具传导空穴、催化电解液的还原反应和反射光等多重作用,但是这种对电极制备成本较高(需要 Pt 靶材)。热解法是将氯铂酸溶解在异丙醇中,形成浓度为 5×10^{-3} mol/L 的氯铂酸溶液,将该溶液用旋涂或拉膜等方法在 FTO 玻璃的表面形成薄膜,将该薄膜在热板上烘干后,置于马弗炉中灼烧,且在温度升高至 410 ℃时保持 15 min,直到得到一层黑色的薄膜,如果希望制备可反光的铂膜,只需将上述步骤重复多次即可得到均匀的反射膜。研究表明,铂膜层的厚度对器件性能影响不大,厚度超过 2 nm 的铂膜对 I_3^- 的反应都有较好的催化作用。但是,根据 Pt 层厚度及制备工艺不同,对电极可能出现无色透明(旋涂)、黑色(滴涂)和镜面(溅射)三种不同的效果。从对入射光收集的意义上讲,相比于无色的薄膜,黑色薄膜对光有漫反射的作用,会增加入射光在器件中传播的路径,从而会提高器件的效率。反光铂膜将入射光反射进入器件内部,理论上有更好的光的利用效率。但制备起来不但工艺复杂,而且耗费材料。所以,在研究中一般用黑色铂膜来充当对电极。为了制备价格相对便宜且性能稳定的对电极,课题组还采用金、铂共同溅射的方法制备了对电极。金膜较铂膜价格便宜,且对入射光有一定的反射作用。该合金薄膜放于电池内部取得了较好的效果。但缺点是采用溅射方法制备的金膜对 FTO 玻璃的附着性较差,而且成本较高。除 Pt 对电极外,还有石墨、C60 等相对便宜的材料也被研究者尝试应用于对电极研究中,然而,由于这些材料的催化性能较差,在器件制备时往往不能达到理想的效果。

利用氧等离子体对光阳极 FTO 的处理可以改善器件的粗糙度和提高器件电子的注入效率,这在前面已经做了介绍,但是,对电极的 FTO 来说则不宜进行等离子体处理。其原因可能是等离子体处理会改变 FTO 功函数,这种改变往往不利于空穴的导出。

2.2.9　电池空腔制备

DSSC 器件的封装工艺会对 DSSC 的效率产生较大的影响。最早的封装方法是将吸附了染料的光阳极与制备好的对电极用夹子夹起来,然后,用注射器从玻璃两侧向二者中间注入电解液,当电解液从另一边流出时,停止加注电解液。这种封装方法由于玻璃四周不能封闭,导致电解液向器件外渗透,在测量器件性能时会显著降低器件的开路电压和填充因子。因此,该方法只适用于在实验室内短时间做测试使用,不能用在实际的生产中。

目前,在 DSSC 生产和实验中应用最广泛的制备空腔的方法为热压法。热压封装过程示意如图 2-9 所示,在光阳极吸附染料后,根据光阳极形状在杜邦公司生产的 surlyn 热封膜(厚度 25 μm 或者 40 μm)上用激光挖出与光阳极形状相同的孔,再将热封膜放在光阳极上。然后将钻有小孔的对电极放在热封膜上形成一个三明治结构,用热封机在120 ℃热压下,形成一个空腔。通过小孔向腔内注入电解液。最后封上小孔。必要时,可用 Amosil 黏接剂封闭玻璃四周,完成空腔制备。该方法的缺点是成本较高,且在封装过程中,将热封膜与敏化后的电极薄膜对位比较困难,surlyn 薄膜一般需要预先使用激光开孔才能保证与光阳极紧密结合,因此热压法封装工艺相对复杂。另外,在热压过程中,热封机的温度也会给吸附在 TiO$_2$ 薄膜上的染料带来不利的影响。

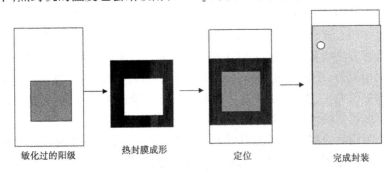

敏化过的阳级　　　　热封膜成形　　　　定位　　　　完成封装

图 2-9　热压封装过程示意

为了优化封装工艺,提高封装效率,也可以根据液晶封装的工艺对 DSSC 的封装工艺进行一些尝试性研究,紫外胶封装过程示意如图 2-10 所示。具体过程如下:先将 FTO 使用盐酸与锌粉腐蚀成所需要的电极形状,为了保证不出现短路现象,腐蚀的电极形状一般会小于阳极薄膜形状,然后,在腐蚀好的 FTO 上制备二氧化钛薄膜。光阳极薄膜经过灼烧后,使用非金属工具将电极薄膜切割成需要的电极形状。随后,将制备好的电极在 80 ℃时,放入染料中进行敏化,再用掺有直径为 25 μm 的 spacer 的 UV 胶将对电极和敏化后的二氧化钛电极粘在一起形成一个空腔,使用紫外曝光机固化 UV 胶。最后向空腔中注入电解液,使用 UV 胶封住小孔,曝光完成器件封装。该封装技术工艺简单,成本低廉,密封效果较好。但是黏接电极时要用到紫外曝光技术,长时间、高强度的紫外曝光可能会导致染料失效。因此,在固化黏接剂时,可能会因曝光过程对敏化剂造成不良影响,进而降低器件的效率。该问题在实验中可以通过使用遮光板遮蔽敏化后的电极来避免。

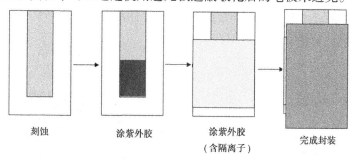

刻蚀　　　　　涂紫外胶　　　　　涂紫外胶　　　　完成封装

　　　　　　　　　　　　　　　　　　(含隔离子)

图 2-10　紫外胶封装过程示意

　　使用 UV 胶封装的过程中存在的另一个问题是 FTO 玻璃上的导电薄膜在被腐蚀成较小的图案时会增大导电薄膜的方块电阻,方块电阻的增加会增加器件总的串联电阻,会对光阳极中的电子传输造成不良后果。为解决以上问题,南京邮电大学课题组对上述 UV 封装过程进行了改进,将 UV 黏接胶换成双组份环氧树脂进行实验。过程如下:将双组分胶的 A 组分中加入粒径为 25 μm 的间隔粒子,经过长时间充分搅拌后,在真空室内抽出 A 胶中的气泡,此时 A 组分呈现清澈的液体状。将加入 spacer 的环氧树脂称为 A*。另取 A 组分和 B 组分的环氧树脂按体积比 1∶1 充分混合,取少量的 AB 混合液均匀地涂抹在敏化过的电极周围(留一部分玻璃作为引出电极),该步骤的作用是在敏化好的电极周围形成一层薄的绝缘层,以阻挡光阳极和对电极通过电解液相互连接,从而导致 DSSC 器件处于短路状态。将上述涂好胶的光阳极在空气中静置大约 30 min,此时 AB 混合胶已经初步凝固,并在光阳极周围形成一层较薄的绝缘层。再用充分混合的 A* 和 B 的混合胶在绝缘层上面涂抹成一个方框,该步骤通常可以在点胶机上完成。将制备好的对电极小心地放在涂好胶的光阳极上面,此时一定注意上下两块玻璃之间不能有相对的位移。将上面的导电玻璃轻压后,在空气中静置 4 h,即可在两个电极之间形成一个厚度为 25 μm 的空腔,使用微量进样器将电解液通过预留的微孔注入空腔,最后将对电极上的微孔用较薄的玻璃封住,即完成器件的封装。该过程工艺相对简单,封装过程不会引起器件电阻的变化,缺点是封装需要的时间较长。空气中的水分可能进入光阳极内部,进而影响器件性能。双组分环氧树脂胶封装过程示意如图 2-11 所示。

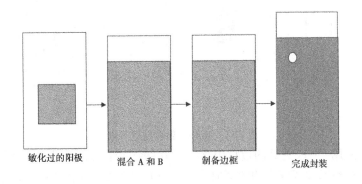

敏化过的阳极　　　混合 A 和 B　　　制备边框　　　完成封装

图 2-11　双组分环氧树脂封装过程示意

2.2.10　灌注电解液

在制备完成的空腔中灌注电解液也是器件封装的关键步骤。制备器件时对电解液灌注有如下要求:第一,电解液灌注要充分,即向空腔中加注电解液时,一定要将空腔中的空间填满,电解液既要充分渗入 TiO_2 薄膜内部,以保证激子分离后,空穴能够顺利导出,又要与对电极接触良好,保证对电解液的还原反应能迅速进行。第二,电解液中不能存在气泡。气泡会影响电解液与对电极的接触。早期的 DSSC 器件是将光阳极和对电极用夹子夹住测量的,电解液从器件两个电极之间的空隙注入,这种灌注方法一方面会有大量的电解液从器件侧面流出;另一方面,电解液部分成分如乙腈等会很快挥发,所以这种封装方法制备的器件的填充因子和开路电压一般较低,会严重降低器件的转化效率,不能满足 DSSC 实际应用的需要。目前,广泛采用先制备电池空腔,然后向空腔内灌注电解液的工艺过程。空腔制备工艺已经在前面详细说明,这里不再赘述。当 DSSC 电池空腔制备完成后,向空腔内注入电解液的方法有如下几种:

(1)真空注入,将制备好的空腔全部浸入电解液中,空腔的对电极上有一个预留的小孔。将电池空腔和电解液一起放入真空室中,在较低的真空度下,空腔中的气体被缓慢地抽出来,然后,向真空室中慢慢通入空气,电解液在大气压力作用下进入空腔,填满空腔内的空隙,完成电解液灌注。该方法灌注效果较好,电解液可以均匀地填充于空腔内部,但缺点是需要较多的电解液,由于电解液通常使用乙腈等极易挥发的溶剂。溶剂中部分成分被真空泵抽出,电解液组成成分发生变化。因此,使用该方法灌注电解液后,剩余电解液不能重复使用,造成电解液的大量浪费。

(2)另外一种常用的灌注方法是可以在大气中进行。在制备电池空腔时,使用电钻在对电极上相隔较远的位置上钻两个小孔,对电极与二氧化钛电极贴合后,这两个小孔最好位于 TiO₂ 电极的两边,这样,在大气中使用注射器将电解液注入其中一个小孔,空腔内的气体会在电解液的排挤下,由另外一个小孔缓慢排出。当电解液由另外一个小孔溢出时,即完成电解液的灌注。该方法工艺简单,节省材料。但是,在使用该方法灌注电解液时,空腔中的空气有时不一定被排尽,残留气体会在空腔内形成气泡,妨碍电解液的灌注。另外,对电极上存在的两个小孔,也会减小电极面积,从而会影响对器件转化效率的计算;在灌注电解液时采用了单孔灌注的方法,即在对空腔的对电极上钻一个小孔,然后用极细的注射器小心地将电解液注入电池空腔,空腔中的空气由同一个小孔排除,该方法节省电解液,又不会影响器件效率的计算,但是操作时要注意避免电解液堵塞小孔,形成气泡而不能将腔内空气完全排出。

第 3 章　DSSC 光阳极制备方法

3.1　刮涂法及其浆料制备

　　刮涂法(doctor - blade)是在实验室制备纳米多孔电极的主要方法之一,具体过程是将通过溶胶 - 凝胶法制备的 TiO_2 纳米颗粒或商用纳米 TiO_2 粉末(平均粒径为 10 ~ 30 nm 的 TiO_2 粉末,如 Degussa 公司生产的 P25 粉),分散在混有表面活性剂的分散液中,经研磨、球磨、超声等过程充分分散,最后制成黏稠的 TiO_2 浆料。将所得浆料用一定厚度的胶带作为间隔,用玻璃棒或其他工具刮涂在氟掺杂的透明导电玻璃(FTO)表面上,自然干燥后,在 450 ~ 510 ℃下烧结 30 min,形成多孔海绵状薄膜电极。高温烧结使得薄膜内部的纳米颗粒及薄膜与基底之间形成良好的电性和机械性接触,以保证电子在纳米 TiO_2 电极中的有效传输。分散剂不同,用刮涂法进行浆料制备的配方不同。具体如下。

3.1.1　用去离子水作为分散剂

　　1993 年,Nazeeruddin 等报道了使用去离子水作为分散剂,以 N719 为敏化剂制备的 DSSC 器件,器件效率超过 10% 。浆料制备过程如下:在 12 g P25 粉中加入 4 mL 含有 0.4 mL 乙酰丙酮(acetylacetone)的去离子水,在陶瓷研钵中研磨,加入乙酰丙酮主要是为了防止在研磨过程中 P25 粉团聚。当上述混合物经过长时间的研磨、形成均匀的黏稠浆料后,再逐次加入总量为 16 mL 的去离子水稀释浆料,每次加入 1 mL,边加水边研磨,直到浆料可以用玻璃棒挑起细丝。然后,在浆料中加入 0.2 mL 的表面活性剂曲拉通(Triton X - 100)并研磨均匀,以改善浆料的流平性。最后,用厚度为 40 μm 的胶带作为间隔,用玻璃棒在 FTO 上刮出厚度为 12 ~ 20 μm 厚的 TiO_2 薄膜,最佳的浆料使用量约为 5

$\mu L/cm^2$。将制得的薄膜在 450～500 ℃的热空气中保持 30 min，即可得到多孔的纳米晶 TiO_2 电极。图 3-1 为使用该配方制备的 TiO_2 电极的 SEM 图像，对该配方进行了多次重复实验，结果并不理想。可能原因如下：第一，采用去离子水和乙酰丙酮的混合物作为分散剂，其分散效果较差。第二，在该配方中，曲拉通兼有表面活性剂和造孔剂两种作用，在原配方中加入剂量较少，导致制备的薄膜微孔数目较少，孔径较小。制备器件时，光阳极敏化效果较差。为克服上述缺点，配方可以改进为：将 1 mL 去离子水加入 3 g P25 粉充分混合后，再向其中加入 0.1 mL 乙酰丙酮，在玛瑙研钵中研磨 40 min，当上述混合物混合均匀后，逐次加入去离子水稀释浆料，每次加入 0.25 mL 去离子水，边加水边研磨，重复上述过程 16 次。在研磨过程中逐渐加入去离子水可以避免 TiO_2 粉末的团聚。浆料混合均匀后，加入 0.4 mL 的曲拉通作为表面活性剂，继续研磨直到得到黏度适中的浆料。制备好的浆料，以厚度为 25 μm 的 3 mol/L 思高魔术胶带（3M Scotch Magic Tape）作为间隔。刮出厚度为 10～20 μm 的电极薄膜。组装电池后得到器件主要参数如下：$J_{SC} = 9.60$ mA/cm^2，$V_{OC} = 0.685$ V，$PCE = 3.65\%$，$FF = 56\%$。

图 3-1　用去离子水作为分散剂的 TiO_2 电极的 SEM 图像

在制备器件过程中应该注意的是，浆料的黏度会极大地影响成膜效果，黏度大的浆料在刮涂时会因浆料流动性太差而导致各部分厚度不均匀。在灼烧时会因各个部分张力不同而导致薄膜龟裂。实验结果表明,当浆料混合均匀且可以用玻璃棒拉出细丝时,刮制出来的薄膜质量最好。

研磨过程的长短也对薄膜的质量产生显著影响,研磨时间越长,浆料分散性也好,形成薄膜的质量也就越好。从实验结果来看,浆料的研磨过程不应该少于 90 min。浆料中曲拉通的多少会对薄膜的形貌和性能产生影响。实验结果表明,当加入曲拉通少于 0.1 mL 时,电极薄膜中孔隙率和孔径较小,器件的转化效率较低。当加入曲拉通剂量在 0.25 ~ 0.4 mL 时,制备的光阳极薄膜效果较好,当曲拉通剂量在 0.4 mL 以上时,器件的性能及短路电流都会大幅度下降,这可能是因为过量的曲拉通蒸发后在薄膜中形成的微孔孔径过大、数目过多所致。大量的大孔径的微孔存在,尽管会增加薄膜的比表面积,但是会减少薄膜中敏化剂的吸附以及减弱光阳极薄膜与 FTO 之间的结合,阻碍电子在光阳极内部的传输,因此会降低器件的转化效率。另外,实验时还要注意,加入曲拉通后,在研磨浆料时,在浆料中会出现大量的气泡。气泡在刮涂薄膜时会形成较大的空间,高温灼烧后,在薄膜中形成较大的孔,这种大孔也会引起器件效率的降低。避免在研磨浆料过程中出现气泡主要采取以下方法:第一,减小研磨幅度,研磨幅度越小,研磨过程中气泡数目越少。第二,采用超声波振荡除去浆料中气泡。具体方法为将浆料放在烧杯中,然后在超声池中水浴超声 5 min(30 s 工作、30 s 停顿)。经对比确定:采用超声波除去浆料中的气泡效果较好。

3.1.2　用乙酸或硝酸作为分散剂

针对去离子水分散性较差的问题,在制备 DSSC 的光阳极薄膜时,用 pH 为 3 ~ 4 的乙酸或者硝酸作为分散剂也是一种常用的配方。实验表明,用乙酸或者硝酸作为分散剂制备浆料时,可以有效地阻止浆料中 TiO_2 颗粒的团聚。Greg 在文献中详细给出了用乙酸或硝酸作为分散剂的配方:在 12 g P25 粉中逐次加入 pH 为 3 ~ 4 的乙酸或硝酸 20 mL 在研钵中研磨。每次加入约 1 mL 酸液,直至得到均匀的 TiO_2 浆料。用厚度为 50 μm 的 3 mol/L 思高魔术胶带(3M Scotch Magic Tape)作为间隔,用玻璃棒的边缘在 FTO 上刮出电极。然后,在 450 ℃ 下保温 3 min,冷却后即可得到多孔纳米晶电极。文献中使用天然的黑莓汁作为敏化剂,组装得到的 DSSC 的参数如下：$J_{sc} = 1.00 \sim 2.00$ mA/cm^2, $V_{oc} = 0.6$ V, $PCE = 0.5\% \sim 1\%$。

　　该配方与去离子水配方的另一个主要的区别是在整个分散研磨的过程中即使没有加入曲拉通等高分子表面活性剂,也能获得较好的效果。导致文献报道的器件效率低的原因可能是使用天然的黑莓汁为染料,敏化效果较差。为了比较该种配方与去离子水配方的优劣,根据上述配方,使用 N719 为染料做了相关的实验,具体实验过程如下：将 6 g P25 粉与 10 mL pH 为 3 ~ 4 的硝酸或者乙酸混合。在研钵中一边研磨,一边将酸液逐次加入 P25 粉中,每次加 1 mL,直到形成均匀的浆料。使用厚度为 40 μm 的胶带做间隔,使用玻璃棒在 FTO 玻璃上刮出厚度为 9 ~ 13 μm 的 TiO$_2$ 电极。实验在没有采用 4 - 叔丁基吡啶浸泡电极的情况下,得到使用单层 TiO$_2$ 电极制备的器件效率为 3% 左右。该配方的优点是配方成分简单,缺点是在制备浆料过程中,由于没有加入曲拉通或其他高分子材料作为调节薄膜孔径和孔隙率的造孔剂,因而在刮膜过程中,孔径及孔隙率不易调节。另外,由于浆料中没有高分子材料的调和,浆料的流平性较差,在制膜的过程中易出现裂纹现象。为了解决薄膜裂纹的问题,对配方进行了改进。改进后的配方是在上一种配方的成分中,加入一定量的聚乙二醇(PEG) - 400。在浆料中加入聚乙二醇 - 400 主要有两个作用,一方面,可以调节电极的微结构,使电极薄膜的孔径大小和孔隙率更加合理;另一方面,加入聚乙二醇 - 400 可以有效减少成膜过程中出现的裂纹现象。改进后浆料制备过程如下：逐次向 6 g P25 粉中加入 14 mL pH = 0.7 的硝酸,每次加入 0.5 mL。将上述混合物在玛瑙研钵中保持同向研磨,直至得到均匀、黏稠的浆料。然后,向上述浆料中加入 0.6 g 的乙酰丙酮研磨均匀后,再向浆料中加入 0.3 g 聚乙二醇 - 400 和 0.3 g 曲拉通。再次研磨半个小时后,就可以得到合适的浆料。实验结果证明,采用该配方制成的电极薄膜性能较好,一般不会出现裂纹现象。使用该配方制成的单层 TiO$_2$ 薄膜电极组装太阳能电池效率最高可以达到 4.2%。具体参数如下：

$J_{sc} = 13.54$ mA/cm^2，$V_{OC} = 0.67$ V，$FF = 46\%$、$PCE = 4.2\%$。由上述实验结果可知，使用乙酸或者硝酸溶液作为分散剂，PEG 和曲拉通作为造孔剂的配方要优于使用去离子水作为分散剂的配方。可能原因是：除酸液的分散效果优于去离子水外，PEG 作为造孔剂在浆料中的使用也起到关键性的作用。

3.1.3 用乙醇作为分散剂

乙醇作为分散剂也被广泛应用于使用刮涂法制备 DSSC 光阳极薄膜的实验中。考虑到乙醇具有较强的挥发性，在制备浆料过程中，不能采用在研钵中长时间研磨浆料的方法，可以使用旋蒸和球磨等来调整浆料的黏稠度和分散性。具体制备浆料的过程如下：

在 3 g P25 粉中加入 0.5 mL 乙酸，并将上述混合物在研钵中研磨 5 min。当 P25 粉与乙酸混合基本均匀后，向混合物中加入 0.5 mL 去离子水并继续研磨均匀。重复上述步骤 4 次，就得到均匀黏稠的浆料，向研钵中加入大量的乙醇逐渐稀释上述浆料。稀释过程分三个步骤进行：第一步，分多次向浆料中加入乙醇：每次向浆料中加入 0.5 ml 乙醇，边加边研磨。重复上述过程共计 15 次。第二步，向已经稀释的浆料中加入乙醇：每次加入 1.5 mL，重复上述过程 5 次。第三步，将上述稀释的浆料移入大烧杯中，并另外用 50 mL 乙醇反复冲洗研钵。将稀释过的溶液用磁力搅拌器搅拌均匀。然后用超声分散，超声工作 2 s，停止 1 s，超声过程重复 15 次。然后向溶液中加入松油醇（terpineol）10 g。用磁力搅拌器搅拌 20 min，再进行超声分散，过程同上步。上述步骤完成后，再向得到的混合溶液中加入乙基纤维素（ethylcellulose）的乙醇溶液，该溶液由 0.75 g 乙基纤维素（5～15 mPa·s at 5% in toluene：ethanol/80：20 at 25 ℃ #46070 fluka）和 0.75 g 另外一种乙基纤维素（30～50 mPa·s at 5% in toluene：ethanol/80：20 at 25 ℃ #46070 fluka）混合后溶于 15 g 无水乙醇中，经过长时间的搅拌形成。加入乙基纤维素溶液后，重复第三步中的磁力搅拌和超声分散过程。上述步骤完成后，将得到的混合溶液在 0.2 atm，55 ℃下旋蒸 40 min，得到黏稠的浆料。将此浆料在行星式球磨机中球磨 12 h，即得到制备多孔电极所需要的浆料。在制备 TiO_2 光阳极时，以厚度为 40 μm 的 3 mol/L 思高魔术胶带作为间隔，用玻璃棒在 FTO 上刮出厚度约为 16 μm 厚的 TiO_2 薄膜。将电极升温至 450 ℃并保温 30 min，即得到所需要的多孔纳米晶 TiO_2 电极。

组装电池器件后得到的参数如下：$J_{SC} = 7.68$ mA/cm^2，$V_{OC} = 0.73$ V，$FF = 69.5\%$，$PCE = 3.8\%$。

使用乙醇作为分散液与使用去离子水及乙酸为分散剂的配方的不同之处在于用该配方制备的光阳极薄膜的透明性较好，制备的电极几乎是半透明的。透明性较好的光阳极薄膜可以保证最内层染料分子也能受到入射光的照射，因而可以提高入射光的利用效率。然而，由于制备浆料使用的设备相对复杂，在旋蒸时，浆料的黏度不易掌握。因此，在实际操作中的效果并不是十分理想。

刮涂法制备的二氧化钛薄膜工艺简单，多孔纳米晶电极中晶粒大小、孔径和孔隙率可在制备 TiO_2 薄膜和烧结过程通过改变浆料中分散剂、表面活性剂、高分子造孔剂、分散液的 pH、研磨时间、薄膜的烧灼温度、升温过程加以调节。

刮涂法是目前得到转化效率较高的制作二氧化钛电极的方法。但是使用这种方法制备电极薄膜时，薄膜厚度与刮涂时操作者加在玻璃棒上的压力有直接关系。这样，即使是同一块电极上的不同部分薄膜厚度也往往由于操作者手势的变化而不均匀，在烧结过程中因各部分受热膨胀张力不同易出现裂纹。另外，不同批次的光阳极薄膜厚度不同，导致制成的 DSSC 器件性能重复性较差，会给器件的比较研究带来更多不确定的因素。

为克服上述问题，使用在玻璃棒上加上固定重物的方法对刮涂法进行改进，如图 3-2 所示。该方法基本固定了加在玻璃棒上的压力，虽取得了一定效果，但由于该方法的其他不确定因素过多，最终不能从根本上改变刮涂法器件的重复性较差的缺点。

图 3-2　改进刮涂法（在玻璃棒加固定重量）

3.2　旋转涂布法及其浆料制备

鉴于刮涂法制备纳米晶 TiO_2 电极时存在着厚度不可控的缺点，作者对厚度可控的薄膜制备方法例如旋转涂布法进行了尝试。旋转涂布法制备薄膜的过程包括滴胶、低速匀胶、高速匀胶和溶液蒸发等四个典型过程。将制备好的旋涂溶液滴注到基片表面上，然后经低速匀胶过程将其铺展到基片上，再经高速匀胶过程使溶液在基片上形成均匀薄膜，通过加热干燥除去剩余的溶剂，最后得到厚度均匀、性能稳定的薄膜。旋转涂布法中的液体配制、高速旋转和干燥温度是控制薄膜厚度、性能结构的关键步骤，因此这些工艺参数的影响往往成为研究的重点。

对于黏度一定的液体，旋涂成膜的厚度与匀胶机转速有直接关系。也即是说，对于配好的浆料，只需要调节旋涂速度，即可得到厚度一定的薄膜。

旋涂实验采用的浆料配方和制备过程如下：

在 1.5 g P25 粉中加入 1 g 硝酸(pH = 0.7)和 0.05 mL 的乙酰丙酮，在玛瑙研钵中充分研磨，当上述物质混合均匀后，再分 12 次向浆料中加入 pH 为 0.7 的硝酸，每次加 0.5 g，加入后充分研磨，直至形成均匀的浆料。最后,向浆料中加入 0.15 g PEG(20 000)并充分研磨后,即可得到均匀的 TiO$_2$ 浆料。将 FTO 玻璃吸附在匀胶机的载物台上,匀胶参数为:低速 500 r/min,匀胶时间 8 s;高速 1 900 r/min,匀胶时间 45 s,可得到厚度为 14 μm 左右的 TiO$_2$ 薄膜。将制备好的薄膜用热板在 80 ℃缓慢烘干,10 min 后,再放入管式炉中升温,升温速率每分钟 5 ℃,升温至 450 ℃后,保温 30 min,冷却后,即可得到多孔纳米晶 TiO$_2$ 电极。将上述电极敏化并组装成太阳能电池后,得到器件的转化效率为 2.94%。具体参数如下:J_{SC} = 7.20 mA/cm^2,V_{OC} = 0.67 V,FF = 61%、PCE = 2.94%。

从实验结果来看,使用旋转涂布法制备电极组装的 DSSC 器件的效率要低于刮涂法制备电极组装的器件。为了探讨产生该结果的原因,作者又进行了进一步的研究。经多次实验测量发现,通过旋转涂布法制备的纳米晶电极,薄膜厚度虽然可以达到 10 μm 或者更厚,但是,电极薄膜的密度往往达不到文献中报道的最佳值(当薄膜厚度为 5 ~ 20 μm 时,1 ~ 4 mg/cm^2)。实验结果表明,在使用旋转涂布法制备的纳米晶 TiO$_2$ 电极密度约为刮涂法制备电极密度的 1/3 ~ 1/2,原因可能是在旋涂过程中,薄膜只受到切线方向的离心力的作用,而在垂直玻璃表面的法线方向上,薄膜没有受到力的作用,导致薄膜在法线方向的密度较小。因此,同样厚度的纳米晶电极在被染料敏化时,往往不能吸附足够的染料,从而导致 DSSC 器件的转化效率偏低。

与刮涂法相比较,使用旋转涂布法制备纳米晶多孔 TiO$_2$ 电极,工艺简单,薄膜厚度可控。但缺点是由于在成膜时浆料只受到离心力的作用,而在垂直薄膜表面的方向上并没有受到压力的作用,导致制备的纳米晶薄膜的密度不足。在敏化时,不能吸附足够的染料。在以后的研究中,如何提高薄膜的密度应该是旋转涂布法主要研究的问题。

3.3　丝网印刷法及其浆料制备

丝网印刷工艺作为一种非常方便的成膜方法,目前,在各个领域中被广泛应用。对于 DSSC 来说,丝网印刷工艺既克服了刮涂法中厚度不可控的缺点,又克服了旋涂成膜时密度不足的问题。另外,丝网印刷工艺可以大批量地制备电极。这些优点使得丝网印刷工艺成为目前DSSC研究中的制备纳米晶电极薄膜的主要方法。

使用丝网印刷工艺制备 DSSC 的纳米晶 TiO_2 电极时,浆料的性能对成膜质量有极其重要的影响。Seigo 等报道了一种适用于丝网印刷的浆料配方,该浆料配制过程如图 3-3 所示。丝网参数如下:Material:Polyester;Mesh Count:90 T/cm;Mesh open:60 μm;Thread diameter:50 μm;Open surface:29.8%;Fabric thickness:83 μm;Theoretical paste volume:24.5 $cm^3 \cdot m^2$。

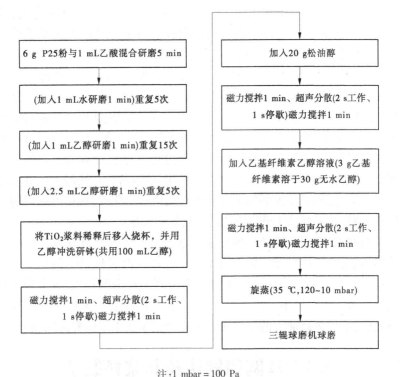

注:1 mbar = 100 Pa

图 3-3　丝网印刷浆料配制过程

浆料制备好后,将丝网固定在网框上,在丝网下面放置已经经过清洗和预处理的导电玻璃。调节导电玻璃与丝网之间的距离。使用滴管将少许浆料滴在丝网上面,用刮刀将浆料用力刮在丝网上,使浆料在压力的作用下通过丝网,转印在导电玻璃上。将得到的薄膜先在 80 ℃的干燥箱内烘烤,1 h 后,将薄膜转移至马弗炉中,缓慢升温至 450 ℃,并至少保温 30 min,缓慢降温至室温。

一般来说,由于浆料的浓度较稀,厚度 10 ~ 20 μm 的纳米晶薄膜不可能一次印刷完成。因此,第三个步骤往往要反复进行多次,才能满足薄膜的厚度要求。使用上述过程制备的浆料,每层印刷电极厚度约为 2.0 μm,多次印刷得到约为 10 μm 厚的电极。然后,再用同样的方法在电极上印制 4 ~ 7 μm 粒径为 160 nm 的散射层。最后组装 DSSC,得到相关参数如下:$J_{SC} = 16.26$ mA/cm^2,$V_{OC} = 0.779$ V,$FF = 73\%$、$PCE = 9.24\%$。

与前述其他配方相比较,该配方有如下优点:第一,采用乙基纤维素为高分子黏接剂,成膜性好,要优于用 PEG 作为黏接剂的配方,且制备的电极透明性好。第二,采用乙酸、水和乙醇等材料作为分散剂,可以形成稳定的多孔结构。但是,在旋蒸浆料时,因为实验要求压强为 10 mbar,需要特殊的旋蒸装置,另外,球磨浆料时采用的三辊球磨机球也十分昂贵,这两点会增加器件成本。总的来说,丝网印刷工艺制备 TiO$_2$ 电极时,制备浆料过程比较复杂。目前,取得的效率也低于使用刮涂工艺制备的电极。但是,印刷工艺制备电极厚度的可控性好,制得器件的重复性好,利于大规模的生产。

3.4　低温水热分解法

低温水热分解法一般是用钛盐(四氯化钛)或者钛的醇盐(钛酸丁酯或钛酸异丙醇)为前驱物,经过水解、溶胶、凝胶等过程,得到一定黏度的 TiO$_2$ 胶体,以一定厚度的胶带为间隔,将胶体用玻璃棒在 FTO 上刮出 TiO$_2$ 薄膜。薄膜干燥后,升温至 450 ℃,并保温 30 min,最后制成半透明的纳米晶 TiO$_2$ 薄膜。TiO$_2$ 电极的微结构参数可以在不同阶段和不同过程中进行调节和控制。Grätzel 采用低温水热分解法制备纳米晶光阳极具体过程如下:用乙酸修饰钛酸异丙醇,将上述前驱物迅速加入冷的去离子水中,在上述液体中加入一定量的硝酸酸化前驱物,将上述前驱物置入水热反应釜中,在 230 ℃温度下,加热 24 h。使用旋蒸仪浓缩胶体,用三辊球磨机球磨浆料,使用丝网印刷成薄膜。即可得到多孔的纳米晶薄膜。水热过程实验装置示意如图 3-4 所示。

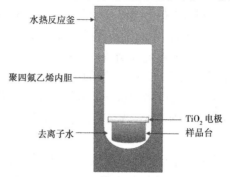

水热反应釜

聚四氟乙烯内胆

TiO_2 电极
样品台

去离子水

图 3-4　水热过程实验装置示意

水热分解法的主要优势在于可以通过改变反应条件而达到调节晶粒尺寸,从而达到优化光阳极的目的,但是,为了提高光阳极的性能,通常在最后的过程还要经过 450 ℃电极灼烧过程,该过程给低温制备薄膜电极带来困难。Zhang 等用新的水热转换的方法对降低成膜温度进行了探索。他们用钛单体为前驱物在常温下制备了 TiO_2 光阳极薄膜,这种方法中常用的前驱物一般为四氯化钛、氧硫化钛或者钛酸四异丙酯,具体过程如下:将 $TiCl_4$ 逐滴加入冰冷的(5 ℃以下)的去离子水中,猛烈搅拌,可得到浓度为 1 mol/L 的稳定的前驱物溶液。若使用 $TiOSO_4$ 作为前驱物, 则上述水解过程也可以在室温下进行,如果前驱物为 TTIP,该过程则应在无水乙醇中完成。将 0. 8 g P25 粉加入 3. 2 g 上述溶液中。将上述混合物在研钵中研磨 2 h 后, 使用刮涂或者丝网印刷的方法在 FTO 上制备薄膜。薄膜制备完成后被放置在以聚四氟乙烯为内衬的水热反应釜中,反应釜中有一定量的去离子水。此时要小心,放置玻璃时不要使薄膜表面接触水分,以免破坏薄膜。反应釜在 100 ℃保温 24 h,在水热过程完成后,将薄膜用去离子水清洗,在 100 ℃干燥 1 h,即可得到厚度为 10 μm 左右的纳米晶薄膜。

图 3-5 为水热反应前后 TiO₂ 薄膜的 SEM 图像。从图 3-5(b)可以看出,反应前,纳米晶体颗粒之间边界模糊,微孔数目较少且孔径较大。在水热反应后,薄膜中晶粒粒径在 20 ~ 30 nm 与 P25 粉末粒径相仿。在没有经过高温灼烧过程的情况下,薄膜中各个纳米晶体颗粒之间连接紧密。薄膜中孔径大小适中,微孔在薄膜中分布均匀,成膜情况良好。薄膜整体形貌结构与通过刮涂方法制备并经过高温灼烧过程得到的纳米晶薄膜十分相似。据 Zhang 报道,使用该种方法制备的器件最高效率为 4.2%。该方法为低温下制备 DSSC 阳极薄膜提供了新的思路。

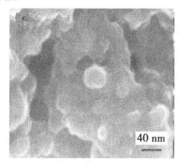

（a）水热反应前　　　　　　　　（b）水热反应后

图 3-5　水热反应前后 TiO₂ 薄膜的 SEM 图像

利用水热转换方法制备的纳米晶薄膜电极不但具有很高的比表面积,而且可以获得完全是锐钛矿晶型的胶体。胶体粒径可以通过改变水解前驱物时溶液的 pH 来控制。制备的电极薄膜易吸附染料,器件具有较高的光电转化效率。目前报告的采用水热法制备电极的 DSSC 器件的最高效率为 10.4%。另外,水热转换方法也是在较低温度下获得纳米晶 TiO₂ 电极的重要方法之一,目前已经被广泛应用于柔性 DSSC 器件制备的研究中。

为了简化低温水热方法的浆料制备过程,对上述水热过程浆料配方作如下改变,将 4 mL 钛酸四丁酯在室温下缓慢加入 8 mL 无水乙醇中,然后,向溶液中加入 3 mL 稀硝酸,磁力搅拌 30 min。即可得到澄清的纳米胶体,将 1 g P25 粉末加入 5 g 上述胶体中,在研钵中研磨 2 h,采用刮涂方法在 FTO 上制备薄膜。刮制好的薄膜被小心地放进水热反应釜中,在 200 ℃ 下恒温 30 h,即可得到纳米晶 TiO_2 薄膜。组装器件后测试器件的参数值如下: J_{SC} = 6. 30 mA/cm^2 , V_{OC} = 0. 64 V, FF =65% , PCE = 2. 6% 。

水热转换法制备纳米晶 TiO_2 薄膜电极,与经过高温灼烧的光阳极相比,仍然表现出相对较差的性能,这与在较低温度下,薄膜中的有机物残留,如分散剂、表面活性剂等不能彻底除去有关。残存有机物会妨碍 TiO_2 导带中电子的传输,从而降低器件的光电转化效率。

从 Zhang 的报道中也可以看到,将低温下水热分解法制备的光阳极薄膜,经 450 ℃ 灼烧后,显示出更加优良的性能。如何在低温下使用水热分解方法制备高效的 TiO_2 薄膜依然是需要研究的问题。

目前,几乎所有的制备薄膜的方法都被研究者尝试着用在制备 DSSC 的纳米晶多孔光阳极薄膜的过程中。但是这些方法或多或少地存在着一些问题和困难。第一,制备过程大多比较复杂,电极需要在高温下灼烧,不利于商业化大规模生产,这样势必影响 DSSC 的迅速发展,因此寻找能够在日常温度下制备,工艺过程更加简单的电极制备方法是目前研究的主要方向之一。第二,目前的制备方法中对控制电极中 TiO_2 纳米晶颗粒粒径的方法研究较少,粒径太大,电极吸附染料能力较差,不利于器件的光电转化,粒径过小,则薄膜中晶体界面较多,过多的晶界势垒也会阻碍光阳极中电子的传输,从而导致器件效率降低,同时具有较小粒径纳米晶 TiO_2 产品价格更加昂贵,会大大增加器件的制造成本。因此,控制纳米晶粒径的大小,是降低器件成本、提高器件效率的重要途径。第三,目前,厚度较大的薄膜工艺和技术还不成熟。DSSC 器件光阳极薄膜厚度由几微米到十几微米不等,光阳极薄膜的厚度会影响纳米晶薄膜的机械性能及其与导电玻璃之间的黏附性,进而影响电池效率。第四,目前,广泛使用的制备 TiO_2 光阳极的方法还不能完全控制薄膜的形貌和结构,开发能制备复杂结构的电极薄膜的方法,也是提高 DSSC 器件效率的发展方向。

第4章 有机太阳能电池相关理论及工艺

4.1 有机太阳能电池简介

有机光伏电池诞生于1958年,是由 Kearns 和 Calvin 研制出的肖特基二极管器件,最初器件开路电压只有200 mV。直到20世纪70年代,Shirakawa 和他的合作者制备出电掺杂的聚乙炔醇,其电导率比未掺杂的聚合物高10^7倍,这一发现引起了研究者对 π – 共聚有机体系的巨大兴趣。1986年,科达公司的邓青云博士报道了第一个双层结构有机光伏器件,该器件使用酞菁铜(copper phthalocyanine, CuPc)做为 p 型半导体,四羧基苝的衍生物(perylene – disimide derivatives, PDI)做为 n 型半导体,其功率转化效率达到1%。邓青云在该器件中首次引入了电子给体(p 型)/电子受体(n 型)有机双层异质结的概念,并解释了光伏效率高的原因是光致激子在双层异质结界面的光诱导解离效率较高。1992年,Sariciftci 和 Heeger 及其合作者研究发现,用共轭聚合物作为电子给体和富勒烯(C60)做为电子受体的体系,在光诱导下可发生快速电荷转移且该过程的速率远远大于其逆向过程。原因是 C60 表面是一个很大的共轭系统,其电子在由60个碳原子组成的分子轨道上离域,因此可以稳定外来电子。这一发现使聚合物太阳能电池的研究成为新的热点。1995年,Heeger 及其合作者制备出体异质结器件,以聚对苯撑乙炔衍生物(MEH – PPV)作为给体,C60 衍生物 PCBM 作为受体,将两种材料共混制成具有互穿网络的活性层。这种结构中无处不在的纳米尺度的界面大大增加了异质结面积,使激子解离效率提高,从而使光电转化效率达到2.9%。

过去的20年里,人们对有机光伏器件的研究投入了巨大的精力,双层异质结器件、体异质结器件、混合蒸镀的小分子器件,以及有机/无机杂化器件的研究都有了长足的进展。根据模拟预测,当器件的能级结构、材料的光隙及迁移率都处于优化状态时,体异质结聚合物/富勒烯太阳能电池转化效率可达到11%以上,叠层器件的效率可达到16%以上。当前,实验室制备的单层体异质结有机光伏电池的效率达到9.1%,叠层器件的转化效率已达到10%以上。

4.2　有机太阳能电池工作原理

有机太阳能电池的活性层包括两种有机半导体材料:给体材料和受体材料。给体材料的分子具有富电子性,易释放出电子;受体材料的分子具有缺电子性,容易从富电子的给体材料获得电子。有机材料中的最高占据轨道(the highest occupied molecular orbital,简称HOMO)和最低占据轨道(the lowest unoccupied molecular orbital,简称LUMO)分别相当于无机半导体中的价带(valence band,简称VB)和导带(conduction band,简称CB),但是无机半导体中的VB和CB是连续能级,而有机材料的HOMO和LUMO能级是分立的。无机半导体材料中的激子为半径较大的Wannier激子,而有机材料中的激子主要是半径较小的Frenkel激子,其电子空穴对之间的结合力小于Wannier激子。因此,吸收光子后,无机光伏器件产生自由电子空穴对,而有机光伏器件产生束缚电子空穴对。有机材料的激子中电子空穴对之间的库仑力较大,且有机材料介电常数较小,使激子解离需要的能量高于热运动能量。因此,同无机半导体相比,有机材料中激子解离困难,不易形成自由载流子。有机太阳能电池的光电转换过程示意如图4-1所示,其共包括下述五个步骤。

4.2.1　激子产生 - 光吸收过程

有机材料对光子的吸收特性取决于分子中的共轭结构。在有机分子中,原子通过共价键结合形成分子后,原子中的电子能级经过相互作用,形成了包括成键轨道和反键轨道的分子能级。其中,能量最高的成

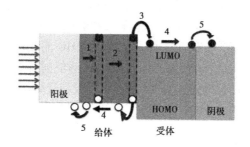

1—光吸收;2—激光扩散;3—激子解离;4—电荷传输;5—电荷收集

图4-1 有机太阳能电池的光电转换过程示意

键轨道为HOMO能级,能量最低的反键轨道为LUMO能级。分子吸收光子后,电子从HOMO能级跃迁到LUMO能级,而在HOMO能级上形成一个空穴。此时,HOMO能级上的空穴与LUMO能级上的电子形成相互束缚的电子空穴对,也就是激子,激子中电子和空穴之间的束缚能在0.1~1.5 eV。有机光伏电池中的给体和受体材料都能吸收光子,但主要是由给体材料吸收。材料的能隙,即HOMO能级和LUMO能级之间的能量差,决定了材料能够吸收的光的最大波长。

4.2.2 激子扩散

激子是不稳定的状态,在其寿命内通过能量传递(包括Förster能量传递和Dexter能量传递)或能量衰减(包括辐射衰减–发光和非辐射衰减–热损失)回到基态。在有机介质中,激子主要是通过能量传递的方式进行输运,通过电子输运过程扩散到给体–受体界面,在此解离为正负电荷。激子的寿命通常是飞秒量级,其在有机材料中的扩散长度通常为5~20 nm。这个特点限制了有机太阳能器件中活性层的结构和厚度,如果激子到达给体–受体界面的距离大于其扩散长度,它将不能到达界面进行解离,而是通过非辐射衰减回到基态。

4.2.3 激子解离

在给体–受体界面,两种材料LUMO能级之差形成了内建电场,激子中处于给体LUMO能级中的电子在内建电场驱动下转移到受体

LUMO 能级,从而将激子解离为自由电荷。驱动电荷转移的能量等于
给体的电离势(LUMO 能级)与电子亲和势(HOMO 能级)之差减去激
子的库仑结合能。只有当电子从给体的 LUMO 能级转移到受体的 LU-
MO 能级时所得到的能量大于激子中的束缚能时,激子才会解离。要
实现电子转移和电荷分离,给体 LUMO 能级和受体 LUMO 能级之差至
少应该为 0.3 eV。

4.2.4　电荷传输

　　激子解离后,形成自由电荷:电子在受体中,空穴在给体中。这些
自由电荷必须在有机层中传输至相应的电极,被外电路收集,从而形成
电流。空穴在给体材料中传输,电子在受体材料中传输。因此,给体和
受体材料中必须形成有利于相应载流子传输的渗滤通道,以避免载流
子被陷阱俘获而复合。有机太阳能电池中自由电荷向电极的传输,有
两种驱动力:一是内部的渐变电场,来自两个电极功函数之差,相应的
载流子运动为电荷漂移;二是渐变的自由电荷浓度,来自载流子浓度的
空间分布差异,相应的载流子运动为电荷扩散。有机材料中载流子迁
移率较低,通常低于 10^{-4} cm^2/(V·s),因此电荷传输过程中会由于复
合导致光电流损失。此外,活性层的形貌对载流子迁移率和电荷传输
效率也有显著影响。

4.2.5　电荷收集

　　收集电子的阴极和收集空穴的阳极之间功函数的差形成内建电
场,驱动电极对载流子进行收集。在电极接触界面,如果受体 LUMO
能级与阴极的功函数匹配,给体的 HOMO 能级与阳极的功函数匹配,
则认为器件是理想的欧姆接触,电荷收集效率可达 100%。迄今为止,
由于电极和有机材料 HOMO/LUMO 能级的限制,有机太阳能电池中很
难实现真正的欧姆接触,因此电极处的电荷收集会有一定的损失。

4.3　有机太阳能电池器件结构

有机太阳能电池的典型结构如图 4-2 所示。活性层夹在两个电极之间,透明电极(通常是 ITO)作为阳极,金属电极(铝或银等)作为阴极。为了更好地进行电荷收集,通常用空穴传输层来修饰阳极,用电子传输层来修饰阴极。最常用的空穴传输层是 PEDOT:PSS。此外,ITO 电极的修饰层也可以是自组装单分子层、过渡金属氧化物薄膜、金纳米颗粒,或者金薄膜。常用的阴极修饰层有金属氟化物(如 LiF)、TiO_x、BCP(bathocproine)、ALQ,以及 PEO[poly(ethylene oxdide)]等。

图 4-2　有机太阳能电池的典型结构

有机太阳能电池的结构,由单层肖特基器件开始,相继发展了双层异质结、体异质结、有序纳米结构体异质结、分子 D – A 结,以及基于以上单元结构的叠层器件等。

4.3.1　单层器件

最早的有机太阳能电池结构是单层器件,即一层共轭聚合物半导体材料嵌于两个电极之间,如图 4-3 所示。这种结构也称为肖特基器件,其中使激子解离为电子和空穴的主要驱动力是两个电极功函数之差形成的内建电场。然而,内建电场通常不足以将有机材料中的激子解离,因此激子解离效率极低,且只有位于金属界面附近的很小一段范围内的激子有可能解离为自由电荷。此外,由于正负光生载流子在同一材料中传输,容易造成复合损耗。单层有机太阳能电池的效率只有不到 0.1%。

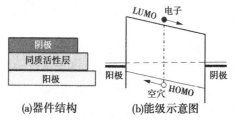

(a)器件结构　　　　(b)能级示意图

图4-3　单层有机太阳能电池

4.3.2　双层异质结器件

双层异质结光伏电池的基本结构中,一层给体材料和一层受体材料形成平面型 D – A 界面,排列于两个电极之间,如图4-4 所示。为有利于电荷收集,阳极的功函数要与给体 HOMO 能级匹配,阴极功函数要与受体 LUMO 能级匹配。双层器件中激子解离后形成的电子在 n 型半导体中传输,空穴在 p 型半导体中传输,因此降低了电荷复合的概率。但是,由于受到激子扩散长度的限制,双层器件中给体层和受体层的厚度一般不能超过激子的最大扩散长度,这就限制了活性层吸收的光子数。采用蒸镀或溅射法制备的以小分子材料作为活性层的有机太阳能电池通常采用双层异质结结构,器件效率可达8% 以上。

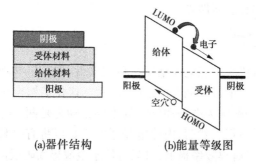

(a)器件结构　　　　(b)能量等级图

图4-4　双层有机太阳能电池

4.3.3 体异质结器件

在体异质结器件中,给体和受体材料在整个活性层范围内充分混合,D－A界面分布于整个活性层。体异质结中的电荷分离可在整个活性层进行,因此激子解离效率高,激子复合概率低,且活性层的厚度可以比双层器件显著增加(一般为几十到几百纳米)。然而,由于两种材料在体异质结中形成不规则的网络结构,使载流子的传输效率低于在空间连续分布的给体或受体。为避免载流子复合,使其有效地传输到相应电极,体异质结薄膜的微观形貌应形成有利于渗滤效应的相分离。因此,体异质结活性层的形貌对器件效率有显著影响。

体异质结器件的活性层通常用溶液法制备,即在同一种溶剂中将给体和受体两种材料混合并充分溶解,然后通过旋涂等方法涂敷在基片上。体异质结结构是当前有机太阳能器件最常用的结构,基于这种结构的器件效率可达9.1%。为提高体异质结活性层对载流子的传输效率,减小复合损耗,提出了一种有序结构的体异质结。如图4-5所示为规则结构的体异质结示意,其中给体材料和受体材料形成规则排列的有序通道,与相应电极相连,单个通道的宽度不超过20 nm。通过双打印法、打印和旋涂法相结合、纳米模印和静电喷雾相结合等方法可制备出近似规则的体异质结器件。然而,由于工艺方法的限制,当前报道的近似规则体异质结器件的效率仍低于体异质结器件的效率。

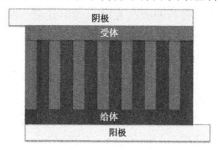

图4-5 规则结构的体异质结示意

4.3.4　叠层器件

叠层器件是将两个或两个以上的器件单元串联成一个器件。由于有机材料的吸收范围有限,单一材料只能吸收部分太阳光谱能量,电池中未被吸收的太阳光能量可使材料产生热效应,导致电池性能退化。叠层器件可利用不同材料的不同吸收范围,增加对太阳光谱的吸收,提高器件效率,减小退化。由于是串联结构,叠层电池的开路电压一般大于子单元结构的开路电压,理想情况下,总的开路电压等于各个子单元开路电压之和。但短路电流一般为各个子单元短路电流的最小值。叠层电池设计的关键是合理选择各个子单元电池的能隙宽度和厚度,并保证子电池之间的欧姆接触。基于叠层结构的有机太阳能电池的效率可达 10.6% ,这是当前有机太阳能电池报道的最高效率。

4.4　有机太阳能电池研究进展

近年来,有机太阳能电池从材料设计到器件模拟、器件制备等各方面都有了突飞猛进的发展。当前,实验室制备的单层体异质结有机光伏电池的 *PCE* 达到 9.1% ,叠层器件的 *PCE* 已达到 10% 以上。根据kirchartz 等的理论计算,OSC 器件的效率可达 20% ,远大于当前 OSC器件的实际效率。器件实验结果和理论计算之间的差异源于器件中的损耗,主要包括:活性材料的吸收光谱与太阳光谱不匹配造成的光能量损耗,激子解离不完全造成的损耗,有机材料的电荷迁移率低造成的载流子复合损耗,以及电极对电荷收集过程的损耗。为减小 OSC 器件损耗,提高器件效率,科学家们在有机太阳能电池的材料设计、形貌控制、电极修饰和器件结构等方面都进行了深入研究。此外,为促进有机太阳能电池的实用化和商业化生产,研究可进行卷对卷(roll - to - roll)生产的制备方法也已成为当前热点研究方向之一。

4.4.1　光吸收层材料

光吸收层材料的设计和选择要兼顾材料对太阳光谱的吸收、激子解离和自由电荷的传输等因素。常用的有机太阳能给体材料包括噻吩类材料、PPV 及其衍生物、芳香胺类材料、稠环芳香化合物、酞菁染料及卟啉金属配合物。提高材料的摩尔吸收系数、降低能隙，以及使材料有较宽的吸收光谱，是提高材料对太阳光吸收的有效方案。基于此思路，设计并合成出新型的共轭聚合物材料。通过分子结构的优化还可增大聚合物材料的载流子迁移率。

常见的双层异质结活性层中的给体材料采用 CuPc，体异质结活性层中的给体材料采用 P3HT[poly(3 - hexylthiophene)]，常用给体材料的化学结构如图 4-6 所示。

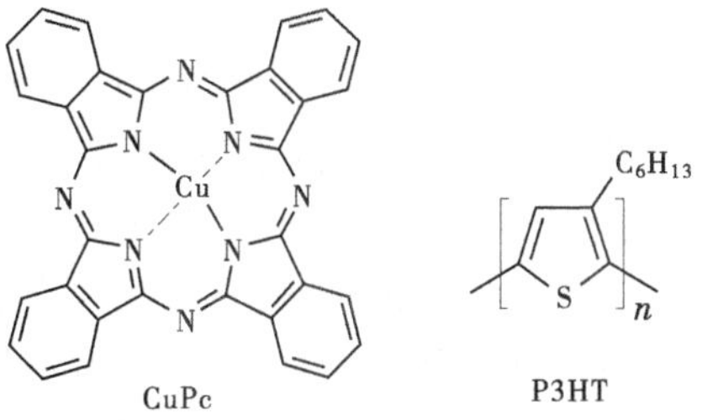

图 4-6　常用给体材料的化学结构

富勒烯具有非常好的光诱导电荷转移特性，这是由于球状共轭结构所产生的特殊能级结构。另外，电子扩散长度较长(80 ~ 140 Å)，有利于电荷传输和收集，适合作为有机太阳能电池的电子受体材料。它是一个高度对称的球状结构，分子内外表面有 60 个 π 电子，组成三维 π 电子共轭体系，十分稳定。在给体和 C60 的界面，被 C60 接收的电子能够快速地从单线态转移到三线态，防止了电子从受体回到给体这一逆过程的产生，使得电荷的转移效率得到提高。同时，三线态的寿命较长(大于 1 μs)，且 C60 的激子迁移率很好[0.5 cm²/(V·s)]。并且由于其表面原子数增多，分子内电子流动性较强，很容易吸收电子，可以作为良好的电子受体材料，因此在有机光伏器件领域的应用一直备受关注并广泛应用。

富勒烯衍生物材料可以增加材料溶解性，提高材料的光敏特性，从而成为更常用的电子受体材料。D – A 结材料具有双极性质，也就是说既有给体特性又有受体特性,可提供激子在分子内解离的途径。这种材料的光伏器件,可以避免体异质结器件中的相分离和分子聚集,且有潜力制备分子水平上的"双轴"太阳能器件,因而成为目前研究的一个热点。碳纳米管(Carbon nanotubes,CNTs)具有独特的电学和力学性能,化学性质稳定,能级结构与导电聚合物的能级可以较好地匹配,因此也可以作为有效的电子受体。活性层制备过程中,通常通过热退火、溶剂退火以及加入添加剂等方式改善活性层的微观结构,形成有利于激子解离和载流子传输的形貌,从而提高器件效率。

4.4.2　界面修饰

太阳能电池的性能可通过电极或其他界面的修饰得到不同程度的改善。电极/有机层界面修饰的作用通常包括:使电极的功函数与给体材料的 HOMO 或受体材料的 LUMO 能级相匹配,从而提高电荷收集效率,并阻挡激子和非收集载流子的传输;作为光隔离层,是光波的空间分布与活性层的位置相匹配,从而增加光吸收;改善界面接触,从而减小电极/有机层界面的串联电阻;阻挡电极沉积过程对活性层的破坏,或者阻挡水氧对活性材料的侵蚀。

对 ITO 阳极的修饰最常用的是在其上旋涂 PEDOT: PSS{poly(3,4 – ethylene – dioxythiophene):poly(styrenesulfonate)},此外也可进行自组装单分子层修饰、过渡金属氧化物薄膜修饰、金纳米颗粒或者金薄膜修饰。常用的阴极修饰材料包括:碱金属化合物,如 LiF、CsF 和 Cs_2CO_3 等;低功函数的金属,如 Ca、Mg 和 Ba 等;金属氧化物,如 TiO_x,TiO_x 层还可以作为光隔离层,能够将光的空间分布与活性层的位置相匹配,从而增加光吸收,有助于提高器件的光电流。

$Zn_4O(AID)_6$ 是一种中性材料,其分子结构的中心是一个氧原子,连着 4 个金属锌原子,与 6 个 7 – 氮杂吲哚(AID)桥接配位基相连,可以看作是一个分子中包含锌原子簇和半氧化锌单元。$Zn_4O(AID)_6$ 易合成且无毒,其结构具有很好的稳定性。有研究者将 $Zn_4O(AID)_6$ 用作基于 CuPc/C60 的双层异质结 OSC 器件的阴极缓冲层,结果表明,该材料作为阴极缓冲层可提高器件性能,并改善器件的热稳定性。此外,一些有机材料也可以作为阴极修饰材料,如 PEO 和聚芴衍生物。

通过新型器件结构的设计可进一步改善有机太阳能电池的性能,拓展其应用。比如,叠层结构的器件可以扩展光谱吸收范围;反转结构的器件中,可以避免使用低功函数的金属阴极(铝等)和酸性的 PEDOT: PSS,从而增强了器件在空气中的稳定性,并能够制成半透明的器件。

4.4.3　阴极缓冲层

有机太阳能电池中活性层和阴极之间的界面对电荷传输和收集具有至关重要的影响。活性层和阴极的接触特性是决定器件性能的关键因素。研究表明,通过在活性层和金属界面之间加入适当的缓冲层对电极界面进行修饰可显著提高电荷传输和收集效率,从而提高电池的功率转化效率。当前用作阴极缓冲层的材料可分为四大类:碱金属化合物、低功函数的金属、金属氧化物及有机材料。不同阴极缓冲层对界面的修饰具有不同作用,主要包括如下方面:

(1)减小电荷收集的势垒;

(2)作为激子阻挡层,以减少激子在活性层/阴极界面的淬灭;

(3)阻止金属扩散到活性层中;

(4)阻挡空气中的氧和水进入活性层;

(5)作为光学层增加电磁场在活性层中的强度。

4.4.4　对器件的理论计算及模拟

根据有机太阳能器件的工作机制,其光电转换过程包括:光生激子的产生,激子扩散,形成自由电荷,载流子传输和收集。光生激子的数量与材料的光吸收和器件中的电磁场分布有关,这个过程可通过光学模型来描述。激子产生之后的后续过程与电荷动力学有关,由电学模型来模拟。

4.4.4.1　**光学模型构建原则**

在多层薄膜器件中,正向传输和反向传输的光波之间会形成干涉,因此电磁场的分布规律用传输矩阵理论来描述。传输矩阵理论是基于菲涅耳原理,用矩阵形式来描述多层薄膜中光波的反射和折射过程。

应用传输矩阵来描述光在有机太阳能电池中的传播时,有如下假设:电池中各层薄膜是均匀且具有各向同性;界面都是平面且互相平行;入射光是平面光波,垂直于基底平面入射。基于这些假设,有机太阳能电池中电磁场分布可用一维模型来进行计算。由于玻璃基底厚度远大于光波长,因此其中不形成干涉,光经过玻璃层只计算反射率和透射率,不按照光的干涉效应来计算。

4.4.4.2　电学模型构建原则

电学模型用来描述有机太阳能电池中电荷载流子的产生、复合、传输和收集,最常用的是扩散—漂移方程。在这个模型中,电子和空穴的传输用连续性方程和扩散—漂移电流来描述,同时用泊松方程来描述电势分布。

对光电转换过程建立理论模型进行仿真模拟,不仅可以得到器件的外部特性,同时可以显示器件内部的物理图像,从而加深对器件的理解和分析。将理论仿真结果与器件实验结果相结合,将有助于理解器件工作机制,优化器件结构设计,指导器件实验的方向。因此,对有机太阳能电池的理论模拟已经成为探究器件机制、对器件进行优化设计的重要手段。尽管不同文献在对 OSC 器件进行理论模拟时所做的假设和简化不尽相同,所选用的参数也有所不同,但是对器件的模拟结果仍得到一些相似的、规律性的结论。

具体如下:活性层厚度应考虑多层薄膜中光的干涉效应,对 OSC 器件活性层厚度进行优化将有利于提高器件的短路电流。然而,较厚的活性层需要材料的载流子迁移率足够高;否则,电荷将难以传输到相应的电极。Sievers 等的模拟结果表明,对 OSC 器件短路电流有贡献的是平均的激子产生率,也就是平均电场强度,电磁场分布的波形并不重要。Kotlarski 等认为当体异质结活性层的厚度小于 250 nm 时,激子产生率采用常数表示对器件性能影响不大,但是当活性层厚度大于 250 nm 时,光干涉效应造成的电磁场分布的波形变化不能忽略。

光学缓冲层:对体异质结器件,当活性层的厚度和达到最佳吸收的优化厚度相差很大时,在活性层和阴极之间加入的缓冲层能够通过调节电磁场分布而增大光吸收;否则,该缓冲层对光吸收的影响很小。对于双层异质结器件,阴极缓冲层的厚度和材料对活性层的光吸收和活性层的最优厚度有较明显的调节作用,然而同时要考虑到缓冲层的激子阻挡效应、电子传输效率及被阴极材料侵蚀等综合影响。

载流子复合:载流子复合是造成 OSC 器件性能降低的主要损耗因素,减小复合将显著提高器件的功率转化效率。在聚合物/富勒烯混合活性层中,陷阱效应造成的复合可忽略不计,而在聚合物/聚合物混合活性层中,陷阱效应是造成复合的主要因素。

载流子迁移率:载流子迁移率尤其是空穴迁移率较低,是限制 OSC器件效率的一个主要因素。模拟结果表明,提高载流子迁移率可显著改善器件性能。但若考虑到表面复合效应,则改变载流子迁移率对器件效率的改善有限。若电子迁移率和空穴迁移率的差别较大,将产生空间限制电荷,从而导致器件效率下降。

形貌:OSC 器件性能对形貌变化非常敏感。较好的相分离有利于减小分子间复合,从而提高短路电流。给体、受体材料形成规则交叠分布的形貌将显著提高器件性能。

电场强度:根据 Onsager 理论,电场强度将影响分子间复合效率,因此电荷解离和传输过程都受到器件中电场强度的影响。

温度:载流子迁移率和分子间复合效率与温度相关,短路电流与温度有关。由于电荷扩散造成能带弯曲,有机半导体内建电场的电压也受到温度的影响。

4.5　有机太阳能电池的理论模拟

有机太阳能电池中的光吸收对于激子的产生及光电流的大小至关重要。将最大吸收波长的峰值限制在活性层中可以实现有效的光吸收。本章首先根据理论模型和数值计算方法,设计出能够对 OSC 器件中电磁场分布和器件效率进行仿真计算的软件系统,并用该软件系统对 OSC 器件的光学特性、电学特性以及器件的 $J—V$ 曲线进行模拟。利用此软件系统,对于以 CuPc 和 C60 分别为给体和受体材料的双层异质结有机太阳能电池,分析了如何将最大吸收波长的峰值限制在活性层的相应位置,阐明了电磁场分布与活性层厚度之间的变化关系,并探讨了阴极修饰层厚度对电磁场分布的影响。根据激子扩散模型和光学模拟得到了理论上的最优器件结构,并将模拟结果与实验结果进行对比,结果表明该模拟方法对于优化有机太阳能电池的结构,使其达到光吸收具有指导意义。

4.5.1　研究背景

OSC 器件的理论模型和数值模拟可用来分析器件性能和结构之间的关系。Peumans 等计算了基于 CuPc/C60 的双层异质结 OSC 器件中短路电流与给体和受体层厚度之间的关系,但是他们的计算没有考虑到阴极修饰层厚度的变化对器件结构的影响。Persson 等计算了基于以 PFDTBT/C60 作为活性层的双层异质结器件的优化结构,但是他们的计算中假设只有存在于激子扩散带中的激子对光电流有贡献,且没有考虑到阴极修饰层厚度变化对器件优化结构的影响。Filippov 等的模拟计算表明太阳光谱的能量分布对干涉形成的电磁场峰值位置具有显著影响。除了数值模拟,也有人通过实验来研究双层异质结器件活性层厚度的优化。Brousse 等通过实验结果认为 CuPc 和 C60 的最优厚度分别为 30 nm 和 50 nm。Hur 等的实验结果表明,CuPc 层的最优厚度是 20 nm 左右,且 CuPc/C60 的厚度比为 1∶2 时器件具有最高的转化效率。

Andersson 等研究了作为光学间隔层的阴极缓冲层的厚度优化,对本体异质结 OSC 器件的研究表明,只有当活性层的厚度和能够将最大吸收波长的峰值限制在其中的优化厚度相差很大时,光学隔离层才能够对器件的光吸收起到增强作用;否则,如果活性层厚度接近优化厚度,加入光学隔离层不会增强器件的光吸收。然而,这个结论不一定适用于双层异质结器件,因为双层异质结和本体异质结中给体和受体材料的分布不同,激子扩散路径也不同。

然而,迄今为止,没有关于双层异质结 OSC 器件结构(包括给体、受体层厚度和阴极缓冲层厚度)与器件性能之间关系的系统分析和统一结论。为从结构上对双层异质结 OSC 器件进行优化,从而设计和制备出高性能的器件,通过理论模拟分析了干涉峰值位置与活性层和阴极缓冲层厚度之间的关系,得到了使材料峰值吸收波长位于活性层位置需满足的条件。并结合实验结果,给出了双层异质结 OSC 器件活性层和阴极缓冲层的最佳厚度范围。

4.5.2　器件模拟

根据有机器件的光学模型、电学模型及数值计算方法,研究者针对 OSC 器件开发了数值模拟的软件系统,可以对 OSC 器件中的光学和电学过程进行理论模拟。

通过光学模拟可以计算出器件中电磁场分布、激子产生率,以及器件各层中的不同波长光的能量分布等。例如,对于结构为 ITO140 nm/PEDOT: PSS40 nm/P3HT: PCBM100 nm/Al100 nm 结构的本体异质结器件,400 nm、500 nm 和 600 nm 的光在器件中的电磁场分布如图 4-7所示,可以看到,P3HT: PCBM 的峰值吸收波长500 nm 在活性层中光强最大,因此该波长对产生的激子数贡献最大。

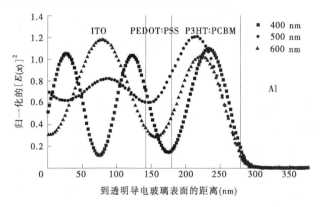

图 4-7　本体异质结器件中 400 nm、500 nm、600 nm 波长的电磁场分布

对于结构为 ITO140 nm/PEDOT: PSS40 nm/P3HT: PCBM/Al100 nm 结构的本体异质结器件,激子产生率随活性层厚度的变化如图 4-8所示。

可以看出,激子产生率并非随活性层厚度增加而线性增加,当活性

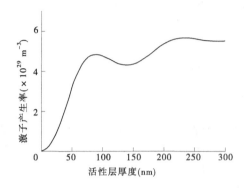

图 4-8　激子产生率随活性层厚度的变化

层厚度为 70～100 nm 时，激子产生率大于活性层厚度为 150 nm 的器件。可能原因是，随着活性层厚度增加，P3HT：PCBM 峰值吸收波长在活性层中的光强减小，因此增加活性层厚度不一定导致光吸收增强，根据文献报道，实验结果都表明，活性层厚度为 150 nm 的器件的短路电流小于活性层厚度为 100 nm 的器件。当活性层厚度增加到 200 nm，虽然活性层中峰值吸收波长的光强减小，但是活性层吸收的总光子数增加了，因此器件的短路电流比活性层厚度为 150 nm 的器件的短路电流大。

　　电学模拟可以计算出活性层中电势、电子电流和空穴电流密度，以及电荷和空穴密度分布，在此基础上可以得到器件的电流—电压曲线。例如，为研究空穴迁移率对器件性能的影响，考虑两个本体异质结 OSC 器件，结构相同，均为 ITO140 nm/PEDOT：PSS40 nm/本体异质结活性层 100 nm/Al100 nm，计算选用的电学模拟参数如表 4-1 所示，两个器件只有材料的空穴迁移率不同：器件 1 的空穴迁移率为 1.5×10^{-8} $m^2/(V \cdot s)$，器件 2 的为 1.5×10^{-7} $m^2/(V \cdot s)$。

表 4-1　电学模拟参数

给体 HOMO 与受体 LUMO 能级差	1 eV
电子迁移率	2.5×10^{-7} m^2/(V·s)
空穴迁移率(器件 1)	1.5×10^{-8} m^2/(V·s)
空穴迁移率(器件 2)	1.5×10^{-7} m^2/(V·s)
有效态密度	2.5×10^{25} m^{-3}
激子产生率	11×10^{27} m^{-3}
介电常数	3×10^{-11} F/m
电子/空穴对间距	1.3 nm
电子/空穴对衰减速率	1.5×10^6 s^{-1}

对这两个器件的电学模拟结果显示在短路状态下,活性层中载流子密度(电子密度 n,空穴密度 p)、净电荷产生率(U)、电势(ψ)和电流密度(电子电流密度 J_n,空穴电流密度 J_p)分布,其中下标 1 对应器件 1 [空穴迁移率为 1.5×10^{-8} m^2/(V·s)],下标 2 对应器件 2 [空穴迁移率为 1.5×10^{-7} m^2/(V·s)]。模拟结果显示,空穴迁移率较小时(器件 1),活性层中空穴密度比电子密度高一个数量级左右,这是由于空穴迁移率小于电子迁移率,空穴在活性层中堆积形成的;当空穴迁移率增大(器件 2),活性层中空穴密度和净电荷产生率都明显减小,说明电荷收集效率更高。相应地,器件 2 的电流密度大于器件 1。

在开路状态下,空穴迁移率的增加对开路情况下的载流子密度影响非常小,仅在阳极处空穴密度稍有减小,说明阳极对载流子的收集效率有所提高。活性层内部电子和空穴电流密度呈互补分布,总电流密度处处为 0。这主要是由两方面原因引起的,首先是活性层内部电势差较小,内部除电极附近外电场较小,进而导致其激子解离率较低;其次由于较低的电场使得载流子收集更加困难,造成绝大多数载流子还没有到达电极就已经复合,空穴迁移率的改变对活性层中电子密度分布和电势分布没有影响。

模拟器件 1 和器件 2 的 J—V 曲线结果表明,器件 1 对应的性能参数为:短路电流 $J_{SC}=7.91$ mA/cm^2,开路电压 $V_{OC}=0.52$ V,填充因子 $FF=34\%$,功率转化效率 $PCE=1.39\%$;器件 2 对应的性能参数为:短路电流 $J_{SC}=10.55$ mA/cm^2,开路电压 $V_{OC}=0.52$ V,填充因子 $FF=41\%$,功率转化效率 $PCE=2.25\%$。

可见,当活性材料的空穴迁移率增大,器件的短路电流、填充因子和功率转化效率都显著提高。开路电压由给体、受体材料的能级差决定,因此不受空穴迁移率变化的影响。

4.5.3　对活性材料的光吸收特性的模拟

太阳辐射具有一定的光谱分布,有机太阳能电池的活性材料通常对某些特定波长具有强吸收。CuPc 主要吸收 500~800 nm 的光,C60 主要吸收波长小于 600 nm 的光。结合太阳光谱及 CuPc 和 C60 的吸收谱,对激子产生贡献最强的波长是 CuPc 吸收的 621 nm 和 705 nm 波段,以及 C60 吸收的 366 nm 和 463 nm 波段。为提高激子产生率,这些波长的电磁场干涉峰值应该位于相应的活性材料中,也就是 621 nm 和 705 nm 波段位于 CuPc 层,366 nm 和 463 nm 波段位于 C60 层。

光学模拟采用传输矩阵法。AM1.5 G 的太阳光透过玻璃基底后,在多层薄膜中传输并产生干涉效应,由传输矩阵法可计算出电磁场在活性层中的分布 $E(x)$,然后可计算出激子产生率:

$$G(x) = \frac{2\pi\varepsilon_0}{h}\kappa\eta \mid S(x) \mid^2 \tag{4-1}$$

式中　x——器件中的位置坐标;

ε_0——自由空间中的介电常数;

h——普朗克常数;

η——折射率;

κ——吸收系数。

每个波长由干涉形成的电磁场峰值(极大值和极小值)在器件中的位置可以通过求 $E(x)$ 的一阶导数,找到其值为 0 的位置得到,即:

$$\frac{\partial\varepsilon(x)}{\partial x} = 0 \tag{4-2}$$

　　激子密度可以由静态激子扩散方程计算得到。给体－受体界面处的激子电流密度(J_{Exc})可以通过计算由给体到界面的激子扩散电流和由受体到界面的激子扩散电流之和得到。如果忽略电荷传输和收集过程的损耗，在给体－受体界面的激子量子效率计算如下：

$$\eta_{\text{EQE}}(\lambda) = \frac{J_{\text{Exc}}/q}{I_0(\lambda)} \tag{4-3}$$

式中　q——电子电荷；

　　I_0——入射光的光子流密度。

　　短路电流密度可以通过计算激子量子效率在太阳光谱范围的积分得到：

$$J_{\text{SC}} = q\int \eta_{\text{EQE}}(\lambda) \cdot s(\lambda)\mathrm{d}\lambda \tag{4-4}$$

　　平面异质结 OSC 器件的理想结构应该是能够使 C60 的吸收峰值（366 nm 和 463 nm 波段）位于 C60 层中，而 CuPc 的吸收峰值（621 nm 和 705 nm 波段）位于 CuPc 层中。为研究如何将这些波长段限制在相应活性层中，可以模拟 C60 和 CuPc 取不同厚度 366 nm、463 nm、621 nm 和 705 nm 波长干涉峰值在器件中的位置，考虑到激子在 CuPc 中的扩散长度（25 nm）和 C60 中的扩散长度（40 nm），计算中 C60 和 CuPc 的最大厚度分别取 50 nm 和 80 nm。BCP 厚度的影响此处不讨论，此处假设 BCP 的厚度为 0。

　　模拟计算结果表明，为了使 366 nm 和 463 nm 波长的干涉峰位于 C60 层中，峰值到 CuPc/C60 界面的距离应该为正值。对于 366 nm 波长，C60 层厚度应该大于 28 nm，对于 463 nm 波长，C60 厚度应该大于 38 nm。因此，要使 C60 的主要吸收波长 366 nm 和 463 nm 都位于 C60 层中，C60 层的厚度应该大于 38 nm。相应地，要使 CuPc 的主要吸收波长 621 nm 和 705 nm 都位于 CuPc 层中，这两个波长的干涉峰值到给体－受体界面的距离应该为负值，同时绝对值应该小于 CuPc 的层厚。因此，当 CuPc 层厚在 0～50 nm 时，为使 621 nm 波长位于 CuPc 层中，C60 厚度应该在 26～60 nm；为使 705 nm 波长位于 CuPc 层中，C60 厚度应该在 21～70 nm。结合 C60 的主吸收波长（366 nm 和 463 nm）及

CuPc 的主吸收波长（621 nm 和 705 nm）干涉峰值位置，C60 层的厚度应该在 38 nm 和 60 nm。CuPc 层的合适厚度应该随着 C60 厚度的减小而增加。同时，随着 C60 厚度的增加和 CuPc 厚度的减小，干涉峰值位置更加靠近给体 – 受体界面。

4.5.4　对阴极缓冲层厚度的模拟

　　模拟计算结果显示，随着 BCP 层厚度的增加，C60 层中的干涉峰值远离 CuPc/C60 界面，而 CuPc 层中的干涉峰值靠近 CuPc/C60 界面。为了使 C60 中的 366 nm 和 463 nm 干涉峰值以及 CuPc 中的 621 nm 和 705 nm 干涉峰值位于 CuPc/C60 界面附近，随着 BCP 层厚度的增加，C60 层的厚度应该减小。根据前述分析，可以得到在不同缓冲层厚度情况下合适的 C60 层厚度和 CuPc 层厚度。例如，要使干涉峰值在相应的活性材料层内，即 366 nm 和 463 nm 在 C60 层内，621 nm 和 705 nm 在 CuPc 层内，当 BCP 厚度为 5 nm 时，C60 层的厚度应该在 34 ~ 55 nm；当 BCP 厚度为 10 nm 时，C60 层的厚度应该在 30 ~ 50 nm；当 BCP 厚度为 15 nm 时，C60 层的厚度应该在 24 ~ 46 nm。可以看出，合适的 C60 层厚度随着 BCP 层厚度的增加而减小。然而，当 BCP 层厚度变化时，相应的合适的 CuPc 层厚度几乎不变。

　　根据光学计算的结果，阴极缓冲层的厚度也是受到限制的。随着 BCP 层厚度的增加，光的干涉峰值逐渐向给体 – 受体界面靠近，如果 BCP 层太厚，干涉峰值的位置将移动到给体 – 受体界面的另一侧，也就是四个波长的峰值都将位于 C60 层甚至 BCP 层中。通过计算，要使 621 nm 和 705 nm 波长（CuPc 的吸收波段）的干涉峰值位于 CuPc 层内，BCP 层的厚度应该小于 30 nm。实际上，在确定最佳缓冲层厚度时，除了电磁场分布，其他因素也应该考虑在内，如缓冲层材料对光的吸收、缓冲层的电子传输特性和空穴挡特性等。

　　模拟结果还显示了不同波长对于电场振幅也会产生不同的影响，366 nm 对应的电场振幅和其他波长相比非常小，这是因为这个波长的太阳辐射比较小。此外，随着 C60 层厚度的增加，463 nm 波长的电场振幅减小，因为 C60 对光的吸收增加了。然而，随着 C60 层厚度的变化,621 nm 和 705 nm 光的电场振幅几乎不变,因为 C60 对这个波段的光吸收很小。随着 CuPc 层厚度的增加,电场振幅也有类似的变化规律,即 621 nm 和 705 nm(CuPc 吸收波段)的光场振幅显著减小,而 C60 吸收波段的光场振幅几乎不变。由于 BCP 的吸收,当 BCP 层厚度从 5 nm 增加到 30 nm 时,四个波长的振幅都有显著减小。

4.5.5　对短路电流的模拟

尽管通过光学模拟可以得到合适的层厚,为设计合适的器件结构,C60 和 CuPc 中激子的扩散长度和电荷迁移率也必须考虑进去。C60 的激子扩散长度约为 40 nm,CuPc 中激子扩散长度约为 20 nm。C60 中的激子迅速地通过系统内跃迁从寿命较短的单线态跃迁到寿命较长($>10^{-6}$ s)的三线态。CuPc 中的激子通常是寿命约为 1.6×10^{-9} s 的单线态。

在模拟中,假设 C60 中的激子寿命为 10^{-6} s,CuPc 中的激子寿命为 2×10^{-9} s。通过模拟计算,J_{sc} 与活性层厚度以及 BCP 厚度之间的关系为:当 CuPc 厚度为 15 nm,四个波长的电磁场干涉峰值都达到最大。然而,活性层吸收的光子不仅和干涉峰值大小有关,还和活性层厚度有关。此外,J_{sc} 不仅与活性层吸收的光子数有关,还与激子扩散长度有关。根据作者在计算中采用的激子扩散长度,CuPc 的厚度为 24 nm 时得到的 J_{sc} 最大,而不是 15 nm。这是因为在最优条件下,较厚的活性层和较薄的阴极缓冲层有利于吸收更多光子。尽管在 BCP 取三个不同厚度的情况下对应的 C60 最优厚度明显不同,得到的最大 J_{sc} 值差别却很小。这可能是因为激子产生率主要由活性层的最大吸收波段决定,三种情况下得到的最优器件结构都能够保证最大吸收波段位于相应的活性层中,因而产生的 J_{sc} 值差别不大。

根据 OSC 器件的光学模型、电学模型,以及相应的数值计算方法,对体异质结 OSC 器件的电磁场分布、激子产生率,以及器件各层中的不同波长光的能量分布等光学特性进行了模拟和分析。以活性材料空穴迁移率的变化为例,对活性层中电势、电子电流和空穴电流密度、电荷和空穴密度分布、电流－电压特性等电学特性分别进行了模拟和分析,结果表明,理论模拟是分析 OSC 器件参数对器件性能影响的有效方法。重点研究了优化平面异质结 OSC 器件结构的方法。通过光学模拟,计算出不同波长的干涉峰值在基于 CuPc/C60 的双层异质结器件中的位置。将光学模拟和电学模拟及器件实验结果相结合,研究了 CuPc、C60 和 BCP 层厚度对短路电流密度的影响。研究了如何选择活性层的厚度可以将活性材料最佳吸收波段的光场干涉峰值限制在相应活性层中。制备了具有不同活性层和阴极缓冲层厚度的器件,实验结果与模拟计算结果具有相似规律。根据模拟计算结果,在激子扩散长度一定时,阴极缓冲层越薄,最优活性层厚度越大,相应的 J_{sc} 值也越大。模拟计算出的最佳器件结构为:ITO/PEDOT:PSS/CuPc 24 nm/C60 43 nm/BCP 5 nm/Al。然而实验结果表明,阴极缓冲层具有最佳厚度,在此厚度条件下,优化活性层厚度可得到最佳器件性能,因此最佳器件结构为:ITO/PEDOT:PSS/CuPc 25 nm/C60 40 nm/BCP 10 nm/Al。本模拟方法和相关结论不仅适用于基于 CuPc/C60 的双层异质结 OSC 器件,同样适用于其他活性材料的双层异质结器件。用类似的方法也可对本体异质结器件的结构进行优化研究。

4.6　OSC 新型阴极缓冲层研究

有机太阳能电池中活性层和阴极之间的界面对电荷传输和收集具有至关重要的影响。活性层和阴极的接触特性是决定器件性能的关键因素。研究表明,通过在活性层和金属界面之间加入适当的缓冲层对电极界面进行修饰可显著提高电荷传输和收集效率,从而提高电池的功率转化效率。当前用作阴极缓冲层的材料可分为四大类:碱金属化合物、低功函数的金属、金属氧化物以及有机材料。不同阴极缓冲层对界面的修饰具有不同作用,主要包括如下方面:

(1)减小电荷收集的势垒;

(2)作为激子阻挡层,以减少激子在活性层/阴极界面的淬灭;

(3)阻止金属扩散到活性层中;

(4)阻挡空气中的氧和水进入活性层;

(5)作为光学层增加电磁场在活性层中的强度。

$Zn_4O(AID)_6$ 是一种易合成且无毒的中性材料,其结构具有很好的稳定性。将 $Zn_4O(AID)_6$ 用作基于 CuPc/C60 的双层异质结 OSC 器件的阴极缓冲层,结果表明,该材料作为阴极缓冲层可提高器件性能,并改善器件的热稳定性。

4.6.1　理论模拟

为分析不同厚度的 $Zn_4O(AID)_6$ 层对光吸收的影响,用光学模拟分别做出 $Zn_4O(AID)_6$ 层厚度为 0 nm、3 nm 和 6 nm 时 OSC 器件中的归一化电磁场分布,如图 4-9 所示。由图可以看出,随着 $Zn_4O(AID)_6$ 层厚度增加,活性层中的电场强度有所减弱,这主要是由于 $Zn_4O(AID)_6$ 层对光的吸收引起的。可见,加入阴极缓冲层后,器件性能的提高不是通过活性层的光吸收增加引起的。若 $Zn_4O(AID)_6$ 层过厚,反而会导致活性层吸收的光能量减少,这可能会得到随着 $Zn_4O(AID)_6$ 层厚度增加,器件 J_{SC} 降低的现象。

该计算结果可以从材料能级角度做出解释:能级图中可以看出,$Zn_4O(AID)_6$ 的带隙(3.2eV)比受体材料 PCBM 的带隙(2.4 eV)宽,有利于阻止激子在活性层和阴极之间界面的淬灭,可做为激子阻挡层。此外,$Zn_4O(AID)_6$ 的 HOMO 能级较低,有利于阻止空穴向阴极传输。因此,加入 $Zn_4O(AID)_6$ 层有利于提高器件的 J_{SC}。然而,由于 $Zn_4O(AID)_6$ 的 LUMO 能级与 PCBM 的 LUMO 能级之间有 0.6 eV 的势垒,电子从 PCBM 向 $Zn_4O(AID)_6$ 的传输将不通过 $Zn_4O(AID)_6$ 的 LUMO 能级,而是通过隧穿效应。随着 $Zn_4O(AID)_6$ 层厚度的增加,电子隧穿的难度增加。因而在 $Zn_4O(AID)_6$ 层较厚时,器件的 J_{SC} 有所降低。器件的 V_{OC} 主要由给体材料的 HOMO 能级和受体材料的 LUMO 能级之差决定,但是,有机材料缓冲层和金属阴极之间的化学反应有可能引起活性材料和阴极界面处能级偏移,这可以解释加入 $Zn_4O(AID)_6$ 层后器件的 V_{OC} 有变化。

4.6.2　实验验证

ITO 玻璃基片用稀释的中性洗涤剂、去离子水、丙酮和异丙醇依次

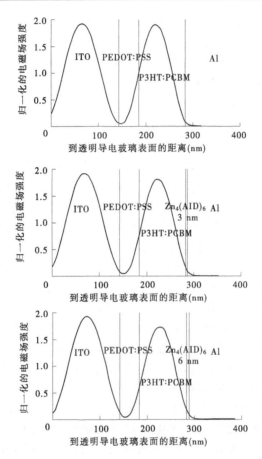

图 4-9　缓冲层厚度不同时器件中的归一化电磁场分布

清洗,每种溶剂超声清洗 15 min,然后在 120 ℃烘箱中干燥 1 h 以上。干燥后的基片用氧等离子体处理 50 s。在 ITO 表面旋涂 PEDOT: PSS,速度为 4 000 r/min,时间为 60 s,在 120 ℃热板上加热 10 min 使 PE-DOT: PSS 层干燥。之后将基片放进自制简易手套箱中旋涂活性层。活性层溶液为每毫升氯苯中溶解 10 mg P3HT 和 8 mg PCBM,50 ℃加热搅拌 12 h。旋涂 P3HT: PCBM 的速度为 1 000 r/min,时间为 50 s,在 120 ℃热板上加热 15 min 使 P3HT: PCBM 层干燥。然后将样品转移到蒸镀腔中,在真空度为 8×10^{-4} Pa 状态下,先蒸镀 $Zn_4O(AID)_6$ 层或 LiF 层,再蒸镀 100 nm 金属铝。从蒸镀腔中取出器件放入简易手套箱中在 120 ℃热板上热退火 10 min。单个器件的活性层面积为 0.1 cm^2。电流—电压(J—V)特性曲线由和电脑相连的 Keithley 2400 数字源表进行测量,测量时器件用 AM1.5 G 太阳光模拟器照射。用包含光源、单色仪和锁相放大器的一套集成系统来测试 IPCE。所有测量均在空气中进行。

　　由器件测量结果可以看出,加入 $Zn_4O(AID)_6$ 阴极缓冲层后,器件性能有明显提高。未加阴极缓冲层的器件 J_{SC} 为 9.6 mA/cm^2,V_{OC} 为 0.53 V,FF 为 40,PCE 为 2.04%。器件效率较低与进行此实验时的条件有关,旋涂活性层和器件后退火在简易的自制手套箱中进行,其中的空气含量不可控,其他过程除热蒸镀外均在空气中进行,几乎所有环节均受到氧和水的影响。加入不同厚度的 $Zn_4O(AID)_6$ 阴极缓冲层后,器件性能有不同程度的改善,当缓冲层厚度为 1.5 nm 时,器件效率最高,为 3.46%,与未加阴极缓冲层的器件相比,PCE 提高了 70%。随着缓冲层厚度的增加,器件的 FF、V_{OC} 和 J_{SC} 都是先增大后减小,$Zn_4O(AID)_6$ 层厚度为 0.5 ~ 1.5 nm,器件性能的提高较明显,当缓冲层厚度增加到 3 nm 以上,对器件性能的改善效果明显开始降低。与以 LiF 作为阴极缓冲层的器件相比,选择合适的 $Zn_4O(AID)_6$ 缓冲层厚度,对器件性能的改善更显著。

　　器件实验表明,采用 $Zn_4O(AID)_6$ 作为阴极缓冲层显著提高了基于 P3HT: PCBM 的本体异质结 OSC 器件效率。最佳的 $Zn_4O(AID)_6$ 层厚度为 0.5 ~ 1.5 nm,当 $Zn_4O(AID)_6$ 层为 1.5 nm 时,器件有最高的功率转化效率(3.46%),比未加阴极缓冲层的器件效率提高了 70%。能级分析、等效电路分析和光学模拟的结果表明,$Zn_4O(AID)_6$ 层可作为激子阻挡层,同时可阻挡金属铝向活性层的扩散。但是随着 $Zn_4O(AID)_6$ 层厚度增加,会导致器件活性层中的光强减弱,不利于光吸收,同时当 $Zn_4O(AID)_6$ 层厚度较厚时,会增加电子向阴极传输的电阻和势垒,不利于器件性能的提高。

第 5 章　钙钛矿太阳能电池

5.1　钙钛矿太阳能电池简介

5.1.1　钙钛矿太阳能电池发展历史及国内外研究现状

　　Perovskite 是以俄罗斯矿物学家 Perovski L A 的名字命名的,化学式为 ABX_3(X 为氧、碳、氮或卤族元素)。钙钛矿结构为:在一个立方晶胞中,其中大一点的阳离子 A 位于立方晶胞的中心,由 12 个阴离子 X 包围形成八面体,而小一点的阳离子 B 位于立方晶胞的角顶,则被 6 个阴离子 X 包围形成立方八面体结构。钙钛矿材料开始受到关注是因为其独特的电学性质。而之后研究人员的注意力则转移到了它的光学性质方面,主要应用在发光二极管上。之后人们将其应用到了 LED 中,而含 Pb 的钙钛矿材料因为其不理想的光电性质,科研人员则主要研究的是它的超导性及在 LED 中的应用。

　　最初的钙钛矿电池是作为染料敏化太阳能电池的一个新方向出现的。2009 年,Miyasaka 和他的同事用 $CH_3NH_3PbI_3$ 和 $CH_3NH_3PbBr_3$ 作为光吸收层制备了第一个薄膜钙钛矿光电池,它的效率达到 3.8%,这在当时并没有引起广泛关注。2012 年,Grätzel 和他的同事以固体 spiro. OMeTAD 作为空穴传输层,$CH_3NH_3PbI_3$ 作为光吸收层沉积在 0.6 μm 的二氧化钛层上,获得了效率为 9.7% 的电池。同时,因 spiro. OMeTAD 的使用也极大地提高了钙钛矿电池的稳定性,在稳定性测试中能在 500 h 后效率没有显著降低。从此之后,钙钛矿电池研究迅速成为广泛关注的热点。2013 年,有两个实验小组在钙钛矿电池领域取得了突破性进展。其中,Grätzel 和他的同事运用两步法制作钙钛矿光吸收层,得到了效率达到 15% 的太阳能电池。而 Snaith 和他的同事舍弃了复杂的介孔层结构,运用简单的平面异质结构也获得了效率超过15%的太阳能电池,他们证明了纳米介孔结构不是高效钙钛矿电池所必需的。2014 年 8 月,Yang 等在 Science 上发表了成果,钙钛矿电池效率达到了受到第三方证实的 19.3%。目前,获得美国国家可再生能源实验室认证的最高效率已经突破了 20%。韩国的 KRICT 研究所在实验室内制备的钙钛矿太阳能电池转化效率达到 22.1%,该结果虽未以文章的形式报道但也已通过了认证。

在国内也有很多科研小组开始重视对钙钛矿的研究,并且也取得了成效。中国科学院大连化学物理研究所、华中科技大学、天津大学、中国科学院等离子体物理研究所等科研单位都对钙钛矿太阳能电池做了相关的研究。而华中科技大学韩宏伟教授课题组等采用的无空穴传输材料,以 TiO_2/ZrO_2 为叠层结构,利用廉价的碳材料作对电极制备出了可印刷、大面积生产的钙钛矿太阳能电池,大大地降低了器件的成本,为钙钛矿太阳能电池的低成本、易操作提供了开发前景。但是,当前效率比较高的钙钛矿太阳能电池都是在手套箱中进行的,钙钛矿对湿度要求很严格,这使得钙钛矿太阳能电池不能够大规模生产,科研工作者改变了致密层沉积过程、钙钛矿光吸收层的厚度等在空气中得到了电池效率为 6.23% 的钙钛矿太阳能电池。现在国内钙钛矿太阳能电池的研究发展越来越快,效率和相关技术也在进一步提高,目前转化效率已经非常接近国际先进水平,而且同时有所创新,从趋势上看,后劲充足。

尽管钙钛矿太阳能电池正在快速的发展中,但是,器件和材料的基本光物理过程仍然严重缺乏。迄今为止的大部分研究工作主要集中在器件的发展上,而在钙钛矿材料光激发态特别是光电转换机制方面的研究却很有限。而理解钙钛矿吸收层中的电荷产生和迁移的过程、吸光材料和电子(空穴)传输层之间的电荷转移过程是提高光电池光电转化效率的基础。对于纯的钙钛矿薄膜材料,光子的吸收在钙钛矿中产生了电子空穴对,这些电子空穴可以继续作为自由载流子存在或者在激子结合能基础上生成激子。目前,在室温下的存在形式是激子还是自由电荷并不清楚。对于激子的束缚能,文献报道的测量值从 19

meV 到 50 meV 不等,然而,最近许多更低的束缚能的测量值被文献报道出来。最近有科研人员在一个非常大的磁场中利用磁吸收的方法测量 $CH_3NH_3PbI_3$ 薄膜的束缚能,低温时钙钛矿薄膜是正交晶相,测得束缚能为 16 meV,而在室温的情况下,钙钛矿薄膜是立方晶相,束缚能的值更低。另一组分析不同温度下吸收的结果,得到束缚能的范围从 30 meV(13 K 的温度下)到 6 meV(室温下)。最低的被文献报道的束缚能的测量值只有 2 meV,它是基于静态介电常数被测量为 70 而计算得来的。这些测量结果用来解释钙钛矿薄膜的光致发光(PL)以及电子和空穴的双分子复合导致激光的产生,其中带边的光致漂白(PB)信号是因为能带充满自由载流子的原因。

为了解释文献中结果的差异,Grancini 等发现钙钛矿薄膜的制备过程和薄膜的形貌影响 $CH_3NH_3PbI_3$ 的电子态,也就是说,晶粒大小较小的 $CH_3NH_3PbI_3$ 晶体(10 nm 左右)在低温的情况下可能没有办法产生激子态;然而,在数百纳米大小的晶粒内,激子态可以通过降低温度和增加激发强度来产生。因此,不同于传统的无机半导体材料、有机半导体材料,钙钛矿材料光物理的一个基础问题,即常温下是否存在激子态的问题仍然没有解决。另外,激子和自由载流子如果共存,比例是怎么样的,同样值得进一步去研究。

对于钙钛矿材料和电荷传输层的异质结结构中的电荷转移过程,超快测量已经清楚地表明了 $CH_3NH_3PbI_3$ 和 $CH_3NH_3PbI_{3-x}Cl_x$ 均具有长程并且均衡的电子。空穴传输长度还清楚地证明了注入如 PCBM 的电子受体和 PEDOT: PSS、spiro. OMeTAD 的空穴传输材料是高效率的。最近,Moser、Grätzel 及其同事一起探讨了在钙钛矿太阳能电池中电荷转移过程的机制,观察到电子(空穴)从 $CH_3NH_3PbI_3$ 转移到二氧化钛层(spiro. OMeTAD,空穴传输层)中的速度都接近超快时间尺度。然而,光生载流子的产生机制还没有了解清楚,表现在:①是否存在激子的扩散和解离;②钙钛矿和电荷传输层的异质结界面效应及缺陷和杂质的作用机制。同时,用于光电池的钙钛矿材料都是多晶材料,其晶体结构、表面形貌和晶粒大小都会对其光电性质带来重大影响,但目前还没有系统的研究。

晶体硅太阳能电池从 20 世纪 70 年代发展至今,实验室内的光电转化效率最高超过 26%,历经 50 余年。而 2009 年钙钛矿太阳能电池光电转化效率为 3.8%,仅过了 7 年,就跃升至 22.1%。不少学者认为钙钛矿太阳能电池还有许多发掘改进空间,若与硅电池板相结合,能够制造出效率更高的电池。斯坦福大学和麻省理工学院的研发人员制备的由单晶硅和钙钛矿叠层得到的串联结构太阳能电池,得到 13.7% 的转化效率,但他们预测该类电池有可能超过 35%,而且有信心能够制备出转化效率为 29% 的电池。钙钛矿太阳能电池问世至今,不仅是光伏领域的研究者,而且包括物理学科、化学领域及计算科学等其他领域的学者对钙钛矿太阳能电池的研究热情都被激发出来,多个国家的研究机构都在关注并紧跟国际研究前沿。

5.1.2　钙钛矿晶体结构及太阳能电池的工作原理

目前所制备的钙钛矿太阳能电池所用的钙钛矿材料属于半导体,其结构的通式为 ABO_3。钙钛矿电池中的有机、无机金属卤化物具有优良的光子吸收和转化的性能,并且用于较长的电子传输距离和迁移率。

钙钛矿太阳能电池中最典型的光吸收层为有机金属三卤化物,晶体结构通式为 ABX_3,一般为八面体或立方体结构。钙钛矿晶胞由 1 个阳离子、1 个 Pb^{2+} 和 3 个 I^- 组成,正八面体结构由金属阳离子和卤素阴离子构成。正八面体带的负电由有机阳离子来平衡。在钙钛矿晶体中,A 离子处在立方晶胞的中心位置,与卤素的配位数为 12,被相应的 12 个 X 离子包围得到配位立方八面体,形成三维的周期性结构;而 B 离子位于立方晶胞的角顶,周围分布着 6 个 X 离子配位成八面体对称结构,配位数为 6 形成 BX_6 的立方对称结构,在钙钛矿晶体中,A 离子通常为有机阳离子,常用的有 $NH_2CHNH_2^+$($R_A = 0.23$ nm)、$CH_3NH_3^+$($R_A = 0.18$ nm)、Cs^+($R_A = 0.17$ nm)。B 离子指的是金属阳离子,主要有 Pb^{2+}($R_B = 0.119$ nm)和 Sn^{2+}($R_B = 0.110$ nm)。X 离子为卤素阴离子,即 I^-($R_x = 0.220$ nm)、Cl^-($R_x = 0.181$ nm)和 Br^-($R_x = 0.196$ nm)。

钙钛矿太阳能电池主要组成部分有:导电玻璃基底(FTO、ITO 或柔性导电薄膜)、电子传输层[空穴阻挡层(致密层)和骨架层]、钙钛矿光活性层、空穴传输层和对电极。由于钙钛矿材料优异的特性,钙钛矿太阳能电池具有多种多样的电池结构,按照标准不同其分类也不相同。按照电子传输层、钙钛矿吸光层和空穴传输层制备顺序不同,钙钛矿太阳能电池可以分为正式结构和反式结构,正式钙钛矿太阳能电池结构为 FTO/ETL/Perovskite/HTM/Metale Electrode,反式钙钛矿太阳能电池的结构为 FTO/HTM/Perovskite/ETL/Au,钙钛矿太阳能电池结构示意分别如图 5-1 所示。

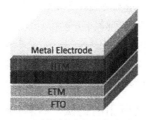
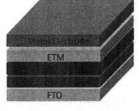

(a)正式钙钛矿太阳能电池　　　　(b)反式钙钛矿太阳能电池

图 5-1　钙钛矿太阳能电池结构示意

按照钙钛矿太阳能电池含不含有骨架层(多孔或介孔层),其又可以分为平板钙钛矿太阳能电池和介孔钙钛矿太阳能电池,经典的平板钙钛矿太阳能电池结构为 FTO/c-TiO$_2$/Perovskite/HTM/Au,经典的介孔钙钛矿太阳能电池的结构为 FTO/c-TiO$_2$/m-TiO$_2$/Perovskite/HTM/Au。

平板结构钙钛矿太阳能电池的结构与有机聚合物太阳能电池的结构非常相似,与介孔结构钙钛矿太阳能电池相比没有介孔 TiO$_2$ 骨架层,这是由于钙钛矿材料内部的电子和空穴的扩散长度长,在没有介孔 TiO$_2$ 层的情况下也可以工作。但是,正是由于没有介孔 TiO$_2$ 层,平板结构钙钛矿太阳能电池对钙钛矿薄膜质量的要求就更高。如果平板结构钙钛矿太阳能电池中沉积的钙钛矿光活性层不够连续致密,将会造成电池内部的空穴传输层与空穴阻挡层直接接触,从而导致电池内部产生非常严重的电荷复合,致使平板结构的钙钛矿太阳能电池的光电转化效率将比介孔结构钙钛矿太阳能电池要低很多。在介孔结构钙钛矿太阳能电池中,由于 TiO_2 介孔层的存在,钙钛矿可以比较充分地填充于 TiO_2 介孔层中,形成一层致密的 $m-TiO_2/Perovskite$ 结构,大大降低了空穴阻挡层和空穴传输层直接接触的概率。因此,为了获得高光伏性能的平板钙钛矿太阳能电池,$FTO/c-TiO_2$ 沉积一层均匀、致密、无针孔的高质量的钙钛矿光活性层薄膜是非常必需的。

　　为了制备高效的平板钙钛矿太阳能电池,各国研究人员做了大量的研究工作。2013 年,英国科学家 Snaith 首次将双源共蒸发法应用于制备平板钙钛矿太阳能电池上,制备的基于 $CH_3NH_3PbI_{3-x}Cl_x$ 钙钛矿光活性层的平板钙钛矿太阳能电池光电转化效率达到了 15.4%。同年,Malinkiewicz 等采用 $CH_3NH_3PbI_3$ 钙钛矿材料替代有机电池中的有机电子半导体作为电子给体材料,制备的平板钙钛矿太阳能电池光电转化效率接近 12%。随着钙钛矿太阳能电池的不断发展和研究的不断深入,各国研究人员开始采用制备条件更加温和和方便的溶液法来制备高质量的钙钛矿薄膜并组装了平板钙钛矿太阳能电池。2013 年年底,Liu 和 Kelly 等在 Energy & Environmental Science 上报道了采用溶液法制备的基于 $ITO/ZnO/CH_3NH_3PbI_3/spiro.OMeTAD/Ag$ 结构的平板太阳能电池,其光电转化效率达到了 15.7%。2014 年,Xiao 等通过连续沉积法并在溶剂退火的条件下制备了高质量的钙钛矿薄膜,对应的平板钙钛矿太阳能电池光电转化效率也达到了 15.6% 的转化效率。同年,Im 等制备的基于两步旋涂法制备的钙钛矿薄膜的平板钙钛矿太阳能电池的光电转化效率超过了 17%;Seo 等采用反溶剂一步法制备的基于 $ITO/PEDOT:PSS/CH_3NH_3PbI_3/PCBM/LiF/Al$ 结构的平板钙钛矿太阳能电池的光电转化效率也达到了 14%。2015 年,Yang 等在 Science 上报道了通过控制旋涂法制备掺杂 Cl 的 $CH_3NH_3PbI_{3-x}Cl_x$ 时的湿度,优化钙钛矿薄膜的性能并在 ITO 玻璃基底上旋涂了一层聚乙烯亚胺(PEm)来修饰 ITO 功函数,并采用 TiO_2 作为电池的电子传输层,spiro.OMeTAD 作为电池的空穴传输层,Au 作为对电极的平板钙钛矿太阳能电池,电池的光电转化效率达到了 19.3%。

　　2009 年,日本科学家 Miyasaka 制备介孔钙钛矿敏化太阳能电池并获得了 3.8% 的光电转化效率,这是介孔钙钛矿太阳能电池的首次报道。但是,由于电池采用的是液态电解质,导致这种敏化结构的介孔钙钛矿太阳能电池的稳定性非常差,其效率提升得也非常缓慢,到了2011年,这种结构的介孔钙钛矿太阳能电池光电转化效率才达到6.5%,而且电池的稳定性也没有明显的改善。直到2012年,韩国科学家Park等采用spiro. OMeTAD取代了传统的液态电解质作为介孔钙钛矿太阳能电池的空穴传输层,制备了基于FTO/c – TiO$_2$/m – TiO$_2$/CH$_3$NH$_3$PbI$_3$/spiro. OMeTAD/Au结构的全固态介孔钙钛矿太阳能电池,其光电转化效率提升到9.7%,电池的稳定性也有了非常明显的提高:在标准太阳光下连续光照500 h后光电转化效率还达到了原来的80%。2013年,Seok课题组采用厚度仅为30 nm的聚合物薄膜PTAA代替spiro. OMeTAD作为空穴传输层,制备的介孔钙钛矿太阳能电池,其光电转化效率达到了10.9%;其后续工作通过在钙钛矿CH$_3$NH$_3$PbI$_3$薄膜中掺杂Br,形成CH$_3$NH$_3$PbI$_{3-x}$Br$_x$钙钛矿光活性层的电池的光电转化效率提高到了12.3%。同时,电池的稳定性也进一步地增加了。

　　为了获得更高光电转化效率的介孔钙钛矿太阳能电池,研究人员在对制备的介孔钙钛矿太阳能电池的光活性层钙钛矿薄膜的方法和工艺方面做了大量的探索和研究。2013年,瑞士Grätzel课题组首次采用连续沉积法制备CH$_3$NH$_3$PbI$_3$钙钛矿薄膜,组装的介孔钙钛矿太阳能电池光电转化效率高达15%。到2015年,Yang等采用连续沉积法制备出了高质量的FAPbI$_3$钙钛矿薄膜,组装的介孔钙钛矿太阳能电池获得了20.1%的认证光电转化效率。2016年,瑞士Grätzel课题组的毕冬琴等配制了FAI,PbI$_2$,MABr和PbBr$_2$的DMF/DMSO的混合前驱溶液,采用反溶剂一步法制备高度协调混合离子的钙钛矿薄膜,基于该钙钛矿薄膜的介孔钙钛矿太阳能电池的光电转化效率达到了20.8%,而且没有出现J—V迟滞现象。到目前为止,介孔钙钛矿太阳能电池的光电转化效率已超过了22%。

　　各种结构的钙钛矿太阳能电池在光照条件下,工作原理基本相同,主要包括自由载流子的形成和运输、载流子的分离和电极收集三个步骤。具体工作原理如下:钙钛矿薄膜在太阳光照下,吸收能量大于其禁带宽度的光子。价带电子受激发跃迁到导带,留下空穴。空穴和电子通过库仑力相互作用,形成电子空穴对,成为激子。然而,由于钙钛矿材料在常温条件下的激子束缚能低于 25 meV,通常认为钙钛矿吸收太阳光后,在体内形成自由的载流子。这些载流子在内建电场的作用下,分别被电子传输层和空穴传输层收集。例如在正向钙钛矿太阳能电池中,电子从钙钛矿层传输到二氧化钛电子传输层,最后被 FTO 导电玻璃收集;而空穴被空穴传输层收集,最后传输到金属电极。在传输的过程中,自由的载流子总是会不可避免地被缺陷捕获或者复合。最后,通过外电路连接 FTO 和金属电极,形成回路。

5.1.3　钙钛矿太阳能电池的组成

　　传统的钙钛矿太阳能电池主要由导电玻璃、电子传输层(包括致密层和多孔层)、钙钛矿光吸收材料、空穴传输材料和金属对电极组成。而影响钙钛矿太阳能电池的关键也正是以上材料的形貌特征和厚度等。

5.1.3.1　导电玻璃

　　导电基底就是在玻璃上镀一层透明的能够导电的物质,这样一方面可以收集电子;另一方面可以减少透明导电基底对太阳的反射和吸收,现在用的比较多的有掺锡的氧化铟(ITO)和掺氟的氧化锡(FTO)等导电玻璃。在钙钛矿太阳能电池中,有好的导电性、透光性、化学性能稳定的导电玻璃往往具有更高的电池效率,在电池的制备过程中,化学性能稳定的导电玻璃能够满足制备过程中的酸或碱的腐蚀和所需的高温烧结过程,而良好的导电性及透光性可以减少电池的内阻和增加太阳的透过率。而上述介绍的 FTO 和 ITO 等导电玻璃价格便宜、技术成熟、透光性能好、电阻低,是在实验室中比较常见的导电玻璃。

5.1.3.2　电子传输层

　　电子传输层是指接受电子并传输电子的材料,被用作电子传输层的是 n 型半导体材料,电子传输层主要作用是在满足能级匹配的情况下与钙钛矿吸收层接触,提高电子的转移率,阻挡空穴向光阳极的迁移,从而减少电子和空穴的复合。在介孔结构钙钛矿太阳能电池中,电子传输材料通常形成介孔层,一方面,支撑了钙钛矿材料,提高了钙钛矿的生长和膜层之间的接触；另一方面，缩短了光生电子的迁移距离，降低了电子和空穴的复合。TiO_2是目前钙钛矿太阳能电池中使用最普遍的电子传输材料，TiO_2具有两方面的优点，一方面，能够保证电子的有效注入，有较快的电子传输速率，电子复合较慢；另一方面，成本低，化学性能稳定，对光有较高的折射率。因此，TiO_2成为电子传输材料主要原料之一，其制备方法也有很多，有旋涂法、原子沉积法、喷雾热解法、水热法等工艺制备。TiO_2的锐钛矿型、板钛矿型和金红石型是三种不同的晶型。其中，锐钛矿TiO_2在钙钛矿太阳能电池中应用较多。还有其他许多制备不同形貌的TiO_2，比如TiO_2纳米棒、TiO_2纳米纤维等。除了TiO_2作为电子传输层，ZnO相比于TiO_2具有更高的载流子迁移率等优点也被用在钙钛矿太阳能电池中。ZnO的制备方法有化学浴沉积法、电沉积法、溶胶凝胶法等方法。除上述介绍的两种电子传输层材料外，还有一些其他的金属氧化物如WO_3、SnO_2等也可以作为电子传输层而应用在钙钛矿太阳能电池中。

5.1.3.3　空穴传输层

在钙钛矿太阳能电池中，空穴传输层的作用是当有载流子注入时，可以实现载流子的定向有序的迁移，从而能够传输电荷。合适的空穴传输材料能够改良肖特基接触，形成很好的欧姆接触，从而有效地传输空穴、减少界面载流子复合，以达到提高电池效率的目的。现在的空穴传输层用的最多是 spiro. OMeTAD，未掺杂时的 spiro. OMeTAD 电导率为 10^5 S/cm^2，空穴迁移率为 10^4 cm^2/($V \cdot s$)，都不是很高。在后来的研究中，研究者引入了 4 - 叔丁基吡啶（4 - tert - butylpyridine，TBP）和二（三氟甲基磺酸酰）亚胺锂作为掺杂剂，提高了钙钛矿太阳能电池的效率。虽然 spiro. OMeTAD 在钙钛矿太阳能电池中效果比较好，但 spiro. OMeTAD 合成复杂、要求高、价格比黄金还要贵，这给钙钛矿的实际生产应用带来了困难，需要寻找更加廉价的空穴传输材料来替代 spiro. OMeTAD。Etgar 等提出钙钛矿层也可以作为空穴导体，他们抽掉了 spiro. OMeTAD 层，直接使用 $TiO_2/CH_3NH_3PbI_3/Au$ 器件结构，电池仍然有较好的效率，这证明了钙钛矿层的空穴传输能力。而 Hart 等使用了碳电极代替 Au，制备了无空穴印刷的器件结构。

5.1.3.4　对电极材料

在钙钛矿太阳能电池中最常用的对电极材料是贵金属 Au,它具有很好的导电性能和催化性能,能够更好的收集电荷。金的稳定性能好,能级匹配也很好,但是金很贵,不利于节约成本。银较金而言成本比较低,但是银的稳定性没有金好。Hart 采用碳取代了金作对电极,制备了无空穴的可印刷的介孔钙钛矿太阳能电池,获得了性能好但是廉价的太阳能电池。除此之外,现在也有研究用金属 Al 做太阳能电池的对电极。

5.2　钙钛矿太阳能电池光活性层的制备方法

5.2.1　一步法

一步法是使用一次性旋涂前驱溶液和退火得到钙钛矿层的方法。早在 2009 年,Miyasaka 等用 DMF 和 γ - 丁内酯溶解 $CH_3NH_3Br + PbBr_2$,$CH_3NH_3I + PbI_2$,再将它们分别用旋涂法简单快速地沉积到多孔的二氧化钛骨架层薄膜上,再将其退火得到铅卤化物钙钛矿光活性层。但是,一步法会导致钙钛矿的形态不受控制、光电性质受到影响、重复性差等问题,因此制得的钙钛矿电池效率较低。起初,采用一步法制备的钙钛矿光活性层获得的钙钛矿太阳能电池光电转化效率只有 3% ~ 13%。为了获得更高的光电转化效率,研究人员对一步法做了大量的改进。其中,最具代表性的是气体辅助一步法和反溶剂一步法。采用气体辅助一步法制备的钙钛矿层不仅在介孔 TiO_2 薄膜内填充良好,而且表面形成钙钛矿帽子层也非常的致密和均匀,组装的钙钛矿太阳能电池光电转化效率达到 16%。

2014 年,Seok 等首次将反溶剂法应用于一步法制备钙钛矿薄膜中,采用这种方法制备的钙钛矿薄膜非常均匀、致密,组装的钙钛矿太阳能电池效率为 16.2%。反溶剂一步法制备钙钛矿薄膜流程:先将 PbI_2 溶于 γ-丁内酯和 DMSO 的混合溶剂中,其中 PbI_2 的浓度为 1 mol/L, γ-丁内酯和 DMSO 的体积比为 7∶3。然后将 PbI₂ 溶液滴于基底上,待溶液完全铺展和浸润基底后开始旋涂,并在旋涂的过程中滴加甲苯,然后退火获得高质量的钙钛矿薄膜。现在采用基于反溶剂一步法制备的钙钛矿薄膜的介孔钙钛矿太阳能电池的光电转化效率已超过 21%,展现了非常好的应用前景。

5.2.2　连续沉积法

　　连续沉积法是目前使用最为广泛,最主要的方法,研究的也最为深入,因此也是发展最完善的钙钛矿薄膜制备方法。连续沉积法主要指液相的连续沉积法。早在 1998 年,两步旋涂法就已被用于制备 $CH_3NH_3PbI_3$ 钙钛矿薄膜中,但一直没有应用于电池的制备中,直到 2013 年,瑞士 Grätzel 课题组首次将连续沉积法应用于钙钛矿太阳能电池的制备中(刚开始的连续沉积法是将 PbI₂ 薄膜浸泡在碘甲胺的异丙醇溶液中,首次报道制备的钙钛矿太阳能电池光电转化效率就达到了 15%)。两步旋涂法是首先将 PbI₂ 溶于 DMF 中,加热彻底溶解后旋涂到二氧化钛骨架层上,再将 CH_3NH_3I 异丙醇溶液旋涂在 PbI₂ 层之上或者将旋涂 PbI₂ 后的基底浸入到溶有一定浓度的 CH_3NH_3I 的异丙醇溶液内,随后 PbI₂ 与 CH_3NH_3I 发生反应,在二氧化钛骨架层上生成钙钛矿薄膜。两步旋涂法可以大幅度提高钙钛矿材料在多孔膜中的填充度,能精确地控制膜的性质。随后,两步旋涂法不断实现了钙钛矿太阳能电池效率的突破,迅速成为钙钛矿太阳能电池中钙钛矿制备的主流方法。目前,基于连续沉积法制备钙钛矿薄膜的钙钛矿太阳能电池光电转化效率已超过 20%,其应用前景十分广阔。

5.2.3　双源共蒸发法

　　2013 年,英国科学家 Snaith 首次将双源共蒸发法应用于制备钙钛矿薄膜上:将 PbI₂ 粉体和 CH_3NH_3I 粉末同时在高真空内加热蒸发,使其在二氧化钛基底上沉积再发生反应,得到了生成的晶体形态规则、粗糙度小、均匀致密的钙钛矿薄膜,基于该钙钛矿薄膜光电转化效率高达 15.4%。双源共蒸发法制备钙钛矿薄膜能有效地提高钙钛矿薄膜的质量,但由于 PbI_2 的熔点较高,且沉积过程需要高真空,以及两种粉体的蒸发速率不好同时控制等,使电池制造成本也大大地增加了。为此,Snaith 等还采用了一种气相共沉积的方法,将钙钛矿的前驱体 PbI_2 和 CH_3NH_3I 的热蒸汽同步沉积到基底上,使之在致密氧化钛衬底上发生反应,获得了均一、高质量的钙钛矿薄膜。

5.2.4 蒸汽辅助溶液法

2013 年年底,Yang 课题组在溶液法制备钙钛矿薄膜和蒸发法制备钙钛矿薄膜的基础上,发明了蒸汽辅助溶液法制备钙钛矿薄膜。通过先在 $FTO/c-TiO_2$ 衬底上采用 PbI_2 溶液旋涂制备一层无机 PbI_2 薄膜,然后采用 CH_3NH_3I 蒸汽与之反应生成了高质量的钙钛矿薄膜:薄膜表面粗糙度小、均匀一致,基于该钙钛矿薄膜的钙钛矿太阳能电池光电转化效率达到了 12.1%。此法制备钙钛矿薄膜时,CH_3NH_3I 蒸汽透过 PbI_2 晶体之间的微小空隙与之充分接触反应,使用的 PbI_2 会完全消耗,且能很好地形成均匀的钙钛矿 $CH_3NH_3PbI_3$,该钙钛矿薄膜的稳定性非常好,可以长时间在空气中保存。

5.2.5 热铸造法

2015 年,Wan 等在 Science 上报道了关于采用热铸造法制备钙钛矿薄膜的方法,具体制备过程是:先将 70 ℃ 的 PbI_2 和 CH_3NH_3Cl 混合溶液滴于 FTO/PEDOT 基底上,其间基底的温度约为 170 ℃,随后旋涂 15 s 便能获得均匀的钙钛矿薄膜。热铸造法和传统的热处理过程的不同之处在于:在加热基板时有溶剂的存在,因此在结晶温度以上时有过量的溶剂可以使钙钛矿相能够均匀地形成,尤其是使用高沸点溶剂时。此种以溶液为基础的热铸造技术可以生长连续、致密的无孔钙钛矿薄膜,基于该钙钛矿薄膜的平板钙钛矿太阳能电池的光电转化效率高达 18%,而且没有 $J—V$ 迟滞现象。此法还有望用于一些多分散性、有缺陷,颗粒边界易复合,可经溶液处理的薄膜材料中。

5.2.6 其他方法

钙钛矿层的制备方法除了以上介绍的几种,还有气相沉积法、静电纺丝法、图样薄膜法、超声喷雾法、激光脉冲沉积法、喷涂法、电沉积法、低温溶液铸造法等。随着对钙钛矿太阳能电池研究的不断深入,未来制备钙钛矿光活性层的方法将会更加丰富、先进和实用。

5.3　钙钛矿太阳能电池的制备

　　第一步,处理 FTO 基底,将 FTO 导电玻璃裁切为小块,利用 Zn 粉和浓盐酸刻蚀掉表面一部分 FTO,随后分别用清洁剂、水、丙酮、异丙醇各超声清洗 15 min,然后放入真空烘箱中烘干。第二步,制备 TiO_2 致密层,将 5 mL 乙醇,37.5 mL 四异丙醇钛和 60 μL 稀盐酸共混,作为 TiO_2 前驱体溶液。随后在处理后的 FTO 上旋涂 TiO_2 前驱体溶液(2 000 r/min),然后在 500 ℃下高温退火完成致密层的制备。第三步,制备钙钛矿层,在 FTO/ TiO_2 基底上旋涂 PbI_2 的 DMSO 溶液(4 500 r/min),随后浸泡于 CH_3NH_3I 的异丙醇溶液中 10 min,然后从溶液中取出,用异丙醇溶液清洗旋干,在 100 ℃下热退火处理 10 min,完成钙钛矿层的制备。第四步,制备空穴传输层,将配置好的 spiro. OMeTAD 溶液在钙钛矿层上旋涂(3 000 r/min)成膜。第五步,制备电极,将制备好的器件,放入高真空镀膜仪中,在 10^6 Torr 压强下蒸镀金属电极,通过掩膜板控制电池的面积为 0.1 cm^2。

　　上述第三步与第四步在手套箱中完成,其他步骤在空气中完成。

5.4　无空穴传输层的钙钛矿太阳能电池

　　研究表明,钙钛矿层不仅可以吸收光能产生电子和空穴对,而且还可以实现电子和空穴的传输,这说明无空穴传输层的钙钛矿太阳能电池可以实现。从能带上讲,只要满足能级的匹配原则,空穴抽取端电极材料最高占据分子轨道在钙钛矿价带能级之上,具有好的稳定性和空穴迁移率,即可实现空穴传输层到对电极的直接传输。2012 年,Etgar 等制备了结构为 FTO/ TiO_2/ $CH_3NH_3PbI_3$/Au 的钙钛矿太阳能电池,这种电池的转化效率为 7.3%,不是很高,之后又做了离子改性研究,比如用 Br 替代 Cl,FA 替代 MA 等,进一步提高了电池的性能。无空穴传输层的钙钛矿太阳能电池不仅能降低成本,减少工序,而且也有利于电池的稳定,有利于探索钙钛矿太阳能电池的工作机制。

　　无空穴传输层的钙钛矿太阳能电池的背电极有两个作用,一是能级匹配,可以直接从钙钛矿层抽取空穴。二是空穴能够传输到外电路中。但是一般钙钛矿的对电极都是采用贵金属材料,这样价格昂贵。因此,需要寻找成本低廉、稳定的对电极。现在,研究比较多的是碳作对电极,这种结构节约了成本,具有很好的发展前景。

　　碳的功函数是 5.0 eV,在钙钛矿的价带能级之上,可以实现空穴从钙钛矿层的接受或者抽取。碳为对电极制备的无空穴传输层钙钛矿太阳能电池具有很好的稳定性,表现出优异的性能。

　　2013 年,Ku 等率先制备了碳黑/石墨混合的碳电极无空穴传输层钙钛矿太阳能电池,具体结构为 $FTO/TiO_2/ZrO_2/C$,太阳光下,钙钛矿产生电子和空穴对,电子注入到 TiO_2 的导带上,空穴注入到碳对电极上,电子和空穴分开。而 ZrO_2 可以将二氧化钛层和碳层分离开,确保电子从钙钛矿单向注入二氧化钛层,避免电子空穴的复合。Rong 等利用高活性的二氧化钛纳米片制备的碳对电极无空穴传输层的电池,取得了 10.64% 的光电转化效率。Hu 小组制备的碳对电极 $FAPbI_3$ 无空穴层钙钛矿太阳能电池效率达到了 11.4%。而 Mei 等制备出了混合阳极。

　　用离子型的钙钛矿材料 $(5-AVA)_x(MA)_{1-x}PbI_3$(碘铅甲胺 - 5 - 氨基戊酸)制得了无空穴传输层的碳对电极的钙钛矿太阳能电池,光电转化效率达到了 12.84%,有很好的稳定性,在空气中也衰减得比较慢,该电池全程丝网印刷、重复性好,这使得太阳能电池正在向高效率、大面积、低成本、制备简单的方向发展。其中,ZrO_2 层是必不可少的一层,如果没有 ZrO_2 层,电池的效率仅仅只有 4.18%。其中 TiO_2 纳米粒子不仅影响着钙钛矿的注入,而且也影响了电荷在钙钛矿与 TiO_2 界面的传输,合适的二氧化钛粒子可以提高电池的效率。

　　Zhou 等制备了无 ZrO_2 层的碳为对电极无空穴传输层的钙钛矿太阳能电池,其中在 FTO 玻璃上制备的以 $TiO_2/CH_3NH_3PbI_3/C$ 为结构的电池效率达到了 9.08%，以 $ZnO/CH_3NH_3PbI_3/C$ 为结构的电池效率达到了 8%。他们研究发现，碳电极能形成疏水表面，这样钙钛矿电池的稳定性也比较好。将钙钛矿太阳能电池放在湿度较大的空气中，无光也可以保持较长时间不衰退。

5.5　TiO_2 基钙钛矿太阳能电池的研究

自然界中二氧化钛的三种不同的形态是锐钛矿型、板钛矿型和金红石型，二氧化钛的晶胞结构是由 TiO_6 八面体的连接方式决定的。板钛矿属于正交晶系，较难制备，每个晶胞分子有 6 个 TiO_2 分子，非常不稳定，高温分解为其他两种晶型。金红石晶胞中有 2 个 TiO_2 分子，在大多数情况下都是比较稳定的。这三种晶格可以用 X 射线来区分。在这三种结构中，最稳定的是金红石型，因为锐钛矿和板钛矿经过加热处理后就会发生不可逆反应，生成金红石型。TiO_2 是宽禁带半导体材料，价带和导带之间存在禁带，其中金红石相的禁带宽度是 3.02 eV，板钛矿相的禁带宽度是 2.9 eV，锐钛矿相的禁带宽度是 3.2 eV。

TiO_2 纳米材料主要有纳米晶(颗粒、粉体)和一维的 TiO_2 纳米阵列(线、棒、管)，所需材料结构及制备原理不同，制备方法也有所不同。

水热法制备二氧化钛阵列需要将预先洗好的衬底材料(FTO)放在水热反应体系(反应釜)中，在一定的条件下，经过化学反应直接在衬底上生长出 TiO_2 纳米阵列。Liu 等采用该方法直接在 FTO 导电玻璃上合成了二氧化钛阵列，是有序的单晶红石型，测试了不同反应时间和温度等不同实验条件对二氧化钛纳米阵列的影响。Zhou 等分别在 ITO、SiO_2、Si 等不同基底上水热制备出不同形貌的二氧化钛阵列，研究了其生长机制。Grimes 等以甲苯为溶剂，四氯化钛为钛源在导电玻璃上合成出致密的 TiO_2 纳米阵列。

通过水热法制备的 TiO_2 纳米阵列的优点如下：

(1)通过参数的调节可以控制薄膜的内部纳米结构和结晶取向，实现纳米阵列的可控生长。

(2)能够制备出性能稳定并且黏附性强、不易脱落的薄膜，适合工业生产。

2015 年,Wang 等以钛酸四丁酯和氟钛酸为钛源,在 FTO 基底上制备出了 TiO$_2$ 纳米阵列。用两步法将 TiO$_2$ 纳米阵列组装成钙钛矿太阳能电池,获得了 6.6% 的效率。在 TiO$_2$ 各种不同结构中,TiO$_2$ 纳米棒因其一维通道可以快速地传输电子,减少光生电子和空穴的复合,使得 TiO$_2$ 的应用有好的发展前景。本书试图把 TiO$_2$ 纳米阵列应用在无空穴传输层的钙钛矿太阳能电池中,该电池的特点是先在 FTO 上通过水热法制备出 TiO$_2$ 纳米棒,然后通过丝网印刷的方式印刷 ZrO$_2$ 间隔层、碳对电极,之后填充钙钛矿光吸收层。这样制备出来的电池既可以节约成本,又可以简化操作流程。

5.5.1　TiO$_2$ 致密层的制备

首先制备 TiO$_2$ 致密层前驱体溶液:先将 0.95 mL 的二乙醇胺加入到 35 mL 的无水乙醇中,然后加入 4.5 mL 的钛酸四丁酯,混合后搅拌 30 min,再加入 10 mL 无水乙醇,接着继续搅拌 30 min,最后用滤纸和锥形瓶过滤反应液,静置一天,得到 TiO$_2$ 致密层前驱液。在吹干以后的干净的 FTO 衬底上旋涂一层致密的 TiO$_2$ 薄膜层,转速 500 r/min,进行 9 s;转速 3 000 r/min,进行 30 s。再将得到的薄膜在热台上 550 ℃ 退火,具体升温过程为:60 ℃ 干燥 3 h,60 ℃ 经过 50 min 升温到 150 ℃,保温 10 min;150 ℃,经过 30 min 升温到 250 ℃,保温 10 min;250 ℃经过 10 min 升温到 350 ℃,保温 10 min;350 ℃ 经过 10 min 升温到 450 ℃,保温 10 min。再经过 10 min 升温到 550 ℃,保温 10 min,即可得到晶化的致密层。

5.5.2　钛酸钡浆料的制备

BaTiO$_3$ 粉末 0.5 g,乙基纤维素 0.25 g,松油醇 1.5 g,月桂酸 0.1 mL,乙醇 3 mL 在 120 ℃ 的情况下搅拌 30 min,之后再超声 1 h,接着继续搅拌直到 BaTiO$_3$ 浆料混合均匀为止。

5.5.3　间隔层(ZrO_2)的制备

间隔层浆料的制备:称量 9 g ZrO_2 样品和 4.5 g 乙基纤维素,量取适量乙醇,2 mL 冰乙酸分散在 36 g 松油醇中,用球磨机球磨混合均匀。

5.5.4　不同工艺条件对电池性能的影响

$CH_3NH_3PbI_3$ 层在钙钛矿太阳能电池中起着光吸收和电子空穴对分离的作用,是整个钙钛矿太阳能电池最核心的部分,因此制备性能良好的 $CH_3NH_3PbI_3$ 光活性层对于电池的光电性能具有重要意义。

研究结果表明,随着碘甲胺浓度的变化,$CH_3NH_3PbI_3$ 的颗粒大小也发生着变化。当碘甲胺的浓度为 6 mg/mL 时,制备的 $CH_3NH_3PbI_3$ 颗粒尺寸大约为 400 nm、8 mg/mL 时为 250 nm、10 mg/mL 时为 150 nm,这与 $CH_3NH_3PbI_3$ 的晶核密度有关,在 $CH_3NH_3PbI_3$ 晶体成核过程中,不同碘甲胺浓度下所产生的 $CH_3NH_3PbI_3$ 的晶核密度是不同的。在低浓度下,晶核分布比较稀疏,晶核密度较低,有利于 $CH_3NH_3PbI_3$ 晶体的后续生长,合适的碘甲胺浓度使得 $CH_3NH_3PbI_3$ 结晶达到饱和,但是随着碘甲胺浓度的提升,晶体的后续生长受到了限制,这是由于在高碘甲胺浓度下晶体成核和生长过程在反应初期就已经停止,这导致生成的 $CH_3NH_3PbI_3$ 颗粒尺寸逐渐减小。

利用切线法计算可知三个样品的禁带宽度基本相同,约为 1.57 eV,与理论值 1.55 eV 相近。随着碘甲胺浓度的降低,制备的 $CH_3NH_3PbI_3$ 薄膜在 600～800 nm 的光吸收能力有所增强,这是由于随着浓度的降低,$CH_3NH_3PbI_3$ 颗粒的尺寸逐渐增大,颗粒粒径的增大导致光散射作用增强,从而光吸收能力增大。当碘甲胺的浓度为 6 mg/mL时,制备的 $CH_3NH_3PbI_3$ 薄膜光吸收能力最强;浓度为 10 mg/mL 时,光吸收能力最弱。

研究结果表明,采用浓度为 8 mg/mL 的碘甲胺溶液所制备的介孔钙钛矿太阳能电池具有最高的光电转化效率及短路电流。这可能是因为在介孔钙钛矿太阳能电池中,采用不同碘甲胺浓度所制备的 $CH_3NH_3PbI_3$ 颗粒尺寸及表面形貌不同造成的,其对太阳能电池光电转化效率的影响主要体现在两个方面:一方面,由于光散射作用,在一定的范围内颗粒越大使得 $CH_3NH_3PbI_3$ 层的光吸收能力越强;另一方面,在一定范围内颗粒尺寸越小,电子的提取速率越快,从而使空穴迁移率更高。综合以上两方面因素的分析,基于浓度为 6 mg/mL 的碘甲胺溶液所制备的太阳能电池,$CH_3NH_3PbI_3$ 层的颗粒尺寸较大,由于光散射作用使其光吸收能力较强,但大尺寸颗粒也造成了较低的空穴迁移率,此外从 SEM 结果也可以观测到由于颗粒尺寸较大造成颗粒间孔隙增大,使 TiO_2 部分裸露出来,造成电子传输层与空穴传输层的接触,最终导致光电转化效率和短路电流较低。采用浓度为 10 mg/mL 的碘甲胺溶液所制备的太阳能电池,虽然 $CH_3NH_3PbI_3$ 层的颗粒尺寸较小有助于提高空穴迁移率,但由于光散射作用下降使得光吸收能力下降。此外,尺寸小也会带来较大的晶界位阻,从而不利于载流子的传输,最终造成光电转化效率及短路电流较低。而采用浓度为 8 mg/mL 的碘甲胺溶液所制备的太阳能电池综合多方面的影响因素具备最优良的光电性能,所以在介孔钙钛矿太阳能电池的制备过程中,碘甲胺溶液的浓度采用 8 mg/mL 较为合适。

第 6 章　静电喷雾法制备太阳能电池技术

6.1　静电喷雾的相关理论

静电喷雾技术是近几十年来发展起来的一项新型喷雾技术,自其诞生以来,在农业、工业和环境保护,如静电喷涂、静电喷洒农药以及静电除尘等方面得到了广泛的应用。

雾滴荷电的基础是依靠放电电极在高压下发生电晕放电,在其周围产生高浓度的离子群,离子群通过一定的物理过程将电荷传递给雾滴来完成荷电。目前公认的粒子荷电基本机制是:离子碰撞(粒径 >0.5 μm),即外加电场使雾滴发生极化,极化电荷的电场使外加电场发生局部畸变,从而把离子吸附在颗粒表面;离子扩散(粒径 <0.5 μm),即离子浓度差引起离子的随机热运动,使离子吸附在颗粒上。实际雾滴的荷电是离子碰撞荷电与离子扩散荷电的综合过程,无论哪一种荷电机制起作用或同时起作用,它与雾滴物理性质、粒径和所加电场强度有关。雾滴群的荷电会引起电流、电场变化等,对颗粒电量产生影响,静电喷雾过程中由于荷电雾滴呈多分散性的悬浮荷电雾滴群,其浓度、粒径和荷电量的随机性所产生的电场变化也随点而异,以及运动过程中雾滴荷电量的衰减、环境因素等的变化导致颗粒荷电状态的改变,也影响雾滴荷电量。在静电喷雾中,通常采用负高压直流充电系统,通过三种方式使雾滴带电,即电晕充电、感应充电和接触充电。其中,接触充电由于绝缘较困难而应用较少,Law 就电晕充电、感应充电的机制作了论述,得出了电晕充电、感应充电下喷雾的荷电量计算公式,同时提出了雾滴荷电量的极限值。

研究人员根据不同的充电原理制成了各种充电电极,较常见的有环状、针状、锥状、柱状、平极状等各种形式电极。电极形状不同,形成的充电电场不同,充电效果也各不相同。充电效果不仅跟充电电极形式有关,而且还跟液体的物理性质如电导率、表面张力有关,甚至还跟压力、流量大小有关。如对电导率较好的液体,环状感应电极能取得较好的效果,而对电导率较差的液体,针状或锥状电极则效果较好。确定最佳组合,在应用研究上具有重要的现实意义。

在理论研究方面,由于空间非均匀电场的复杂性及电场与流场的耦合等因素,使得对荷电液体的雾化机制及雾化过程的理论描述较为复杂,而液体破碎后形成的荷电两相流流场的模拟更有难度。10多年来,国内外研究者们虽做了一些工作,但总的来说尚属起步阶段。在静电条件下液体的破碎机制上,文献根据质量及动量守恒、高斯定律建立了一个描述在外加电场作用下的变形及破碎过程的数学模型,并通过数值计算求解了数值解。但计算结果与实验结果有较大偏差。对针一板电极的静电雾化的射流的稳定性进行了理论研究。通过静电场理论及Laglange运动方程获得了一个线性化的射流扰动方程,并用该方程对射流曲张及扭曲两种模式的不稳定性进行了计算及分析。结果表明,随着静电场强的提高,射流发生不稳定时的临界波长减小。此外,Lopez及Setiawan还分别建立了静电射流不稳定性的非线性模型,并对不同荷电条件下及扰动波长下的雾滴大小进行预测。他们的理论预测结果与某些研究者的实验数据较为相符。这些理论研究都还需要在一个较大实验范围内进行验证。在荷电雾化湍流两相流理论方面及计算方面,目前国外的研究报道不多,只有少数学者进行了一些研究。

荷电喷雾实际情况十分复杂,近20年以来,荷电理论研究取得了一定的进展,但尚未形成比较成熟的理论体系,离建立实用、便捷、准确的物理模型还有很大的差距。因此,实验手段在很大程度上推动了理论的发展,采用实验手段对荷电射流流场进行测试,全面了解荷电喷雾的流场信息,掌握静电喷雾的雾化特性,分析荷电对喷雾射流的运动规律和流场特性的影响,深入了解对喷雾射流流场所造成的影响及流场特性的运动规律,对荷电喷雾的进一步应用研究及荷电两相流理论的建立具有非常重要的实际意义。

目前,对荷电两相流喷雾流场的实验研究尚处于起步阶段,由于高压电场的存在和雾滴(或颗粒)相带电的原因,为避免测量仪器和流场间的相互干扰,荷电雾化流场的测量只能采用非接触式测量方法,现在主要使用激光多普勒技术。激光多普勒测速仪(LDV)测量应用比较广泛,具有不干扰流场、测量精度高的特点,还可以同时进行多点测量以获得较完整的流场信息。江苏大学在这方面也做了不少工作。但是,LDV 只能获得流场某定点的信息。近年来发展起来的粒子图像速度场仪(PIV)则克服了这一缺点,它利用流体中投放的粒子的图像来测量流体速度,能够把整个瞬时速度场上的全部速度矢量描绘出来。王军锋等首次将 PIV 技术应用于荷电喷雾的实验研究中。此外,随着 LDV 技术的发展并在其基础上研制了 PDA(相位多普勒测试技术)系统,可通过相位分析在测速的基础上获得流场中的雾滴粒径信息,能够更全面地了解流场信息。国内外利用这一仪器已进行的相关实验研究有:喷雾特性的研究、燃油喷射器的研究、两相流的研究,等等。国外研究者从 20 世纪 80 年代开始应用相位多普勒测试技术(PDA)进行液体雾化特性的测试实验研究。McDonell 和 Mao 等于 1986 年使用 PDA 测量了气动喷嘴雾化的液滴尺寸和速度。McDonell 和 Samuelsen 应用二维 PDA 系统测量了气动喷嘴雾化三维气相速度和二维液滴速度。Edwar 等也使用二维 PDA 测试了单油路喷嘴雾化火焰结构,并测量了不同尺寸液滴的平均轴向、径向和切向速度。Hosoya 在稳态条件下使用 PDA 对内燃机燃油喷雾特性进行了多次实验研究,测定了液滴的二维平均和脉动速度及粒子在两个方向上的尺寸分布。Heun 对煤油喷雾火焰进行了详细的研究,用 PDA 测量了气动喷嘴雾化的索太尔直径 SMD、平均速度、液滴数量密度,以及速度与尺寸的相关性。Shen 对环形气动喷嘴的雾化特性进行了实验研究,使用 PDA 在离喷嘴不同距离及在不同液体和空气流速下测得了液滴的索太尔直径 SMD、平均速度和数量密度的分布情况。

国内到 20 世纪 90 年代才引进激光多普勒技术,并应用其开始两相雾化射流的实验研究。清华大学沈熊等在几何光学近似原理基础上分析了相位多普勒方法的理论模型和相位—粒径特性关系,分析了实验应用的光纤型激光多普勒系统的原理和组成,并应用此系统对雾化喷嘴的流动和颗粒特性进行了测量,得到了液滴的二维速度与粒径的相关和统计特性。诸惠民应用 PDA 获得了双油路喷嘴详细的喷雾特性,将测得的空间点数据分别沿扫描径向和所在测量截面积分,得到液滴的线平均直径和面平均直径。徐行用二维 PDA 对直射式喷嘴在横向气流中所形成喷雾的粒度,平均速度和脉动速度及浓度进行 YN 量。研究了喷雾的结构、气流速度、喷射方向对喷雾特性的影响,以及不同直径的粒子在横向的扩散。为两相流模型的研究及数值计算结果的验证提供了实验数据。普勇等通过 PDA 测量了燃烧室喷雾场在不同工况下的各项参数。

利用相位多普勒测试技术对于研究雾化颗粒和流动特性具有独特的优点,它不仅可用来获得各种宏观的统计特性,更可以进一步得到各种流动参数与粒径之间相互作用的定量分析。如今,相位多普勒测试技术已被国内外的研究人员广泛地应用于多相流的实验研究中,是在多相流及雾化特性研究测量方面公认的最有力的测量手段。

6.2 静电雾化法制备薄膜技术

将静电雾化引入到薄膜生长过程中,利用静电雾化的优点和独有性,以提高膜材料的质量和生长效率,静电雾化技术因在微纳米薄膜制备中的独特优势而越来越多地受到研究者的重视。

国际上涉及静电雾化沉积方面的研究开始于最近几年,主要集中在陶瓷薄膜制备和金属表面镀层等方面,已取得了初步进展。近年来,国外辅助气相沉积的相关领域的研究逐渐增强,发展速度较快,国内这方面的研究基本处于空白。国际上该研究以往主要集中在具体的应用方面,对沉积过程、沉积机制等基础研究较少,因此工艺参数和过程的控制缺乏理论指导,稳定性和通用性较差,难以推广。从荷电两相流角度探讨薄膜生长机制与沉积过程,通过电场与流场的耦合作用实现对流场的控制,为膜材料制备提供了新思路。通过该项目研究建立起来的沉积过程的流动与传热测量和模拟系统对发展各种气相沉积的基础研究都具有重要的参考价值。由于该技术的广泛的应用背景，因此对国民经济发展具有重要的实际意义。

　　目前，静电雾化沉积制备薄膜领域存在着两个主要问题：①静电雾化前置液的配制，由于静电雾化的效果对雾化溶液性质（如电导率、黏性、表面张力等）极其敏感，所以要得到特定尺度的单分散雾滴，就需要对溶液的性质进行必要的设计。②由于薄膜生长和纳米材料的结晶等过程本身对环境要求很特殊，所以在雾化以后，副产物的去除，其后处理仍需研究者付出巨大的努力，化学反应条件的控制需要与具体工作相结合。

　　静电喷雾制膜技术的基本原理是在电场力和液体表面张力的共同作用下，进入电场中的液体会破碎成为由许多微小液滴组成的液滴群。理论上来说，液体在电场中的雾化过程是气液两相相互作用的过程，也是电场力与液体表面张力及液体黏滞特性相互竞争而最终达到动态平衡的结果。在未受电场力作用时，由于液体表面张力以及液体的黏滞性力的共同作用，液体外形保持为球形液滴。当带电液体进入电场后，液体除受到上述两种力的作用外，还由于电荷之间存在着相互的斥力，液滴各个部分还会受到来自液滴其他部分的排斥作用。当这种斥力足以克服液体表面的张力和黏滞性时，液滴便会分裂成更小的液滴，完成液体的雾化过程。图 6-1 为使用多普勒相位仪拍摄的液滴在电场中的雾化过程。静电喷雾方法制备薄膜的技术，最初被应用在原子能研究中制备致密的功能薄膜。使用 ES 方法制备薄膜的一般过程是：将配好的溶液或悬浊液通过注射泵引入电场空间中，液体因为流过与高压电源相连接的金属喷嘴而自身带上同一种电荷。随着电压的逐渐增大，液滴在内部各部分之间的静电斥力与液体表面张力及液体自身的黏滞作用的共同作用下，分解成体积更小的小液滴，完成液滴的雾化过程，这些小液滴带有与液体相同的电荷。由于基板与高压电源的另外一个电极相连接，因此小液滴会在电场力的作用下向基板做定向移动。在定向移动的过程中，小液滴中的溶剂被蒸发掉，最后沉积在加有异性电极的基板上形成一层均匀致密的薄膜。

　　Rayligh 及 Jones 等对液体在静电场中的雾化行为进行了研究。他

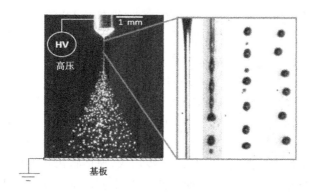

图6-1 液滴在电场中的雾化过程

们的研究结果表明,液体和电场的各个参数,如液体的表面张力、介电常数、电导率、黏度、液体的流量、电场电压,以及喷嘴与基板之间的距离等外部条件的改变都会对液滴雾化的过程产生显著的影响。当悬浊液成分确定后,悬浊液的介电常数、黏度、电导率等参数保持不变,液体在外界机械力的作用下进入电场后,如果保持基板与喷嘴的距离不变,随着喷嘴处所加电压逐渐增加,液滴在雾化过程中一般会出现以下几个状态:

(1)液滴状态:液体在机械力作用下进入电场时,当喷嘴上所加电压较小时,液体先是沿着喷嘴上行,随后在喷嘴处形成球形的液滴,随着电压升高,液体球的曲率变大,最终从喷嘴处滴下。

(2)抖动状态:随着电压继续升高,作用在液滴上的电场力大于液滴表面张力,液滴表面不稳定,在曲面出现尖端并在该尖端处出现极细的射流。射流结束后,由于液滴中部分电荷随射流离开而使液面受到的电场力减小,液滴恢复稳定状态。等更多的液体进入电场后,进行下一次射流。因此,在该状态时,液体是在不停地上下抖动。

(3)泰勒锥状态:电压继续升高,可以得到一个稳定的喷雾状态,此时液滴受到电场力、表面张力、重力的作用,处于相对稳定状态,这种状态的液体在喷嘴处形成圆锥状的液面并在圆锥顶端形成稳定的射流。此圆锥即泰勒锥。在射流的下面,射流裂开,变为极小的液滴,整个系统处于"cone - jet"模式。在制备薄膜时,ES系统必须保持在

"cone‑jet"工作模式下。因为只有在这种状态下,ES的过程才是稳定的。此时小液滴的粒径基本保持不变,其值约为"jet"直径的两倍。与该状态相比较,其他状态都是不稳定的,液体雾化时各个参数都是在不断变化的。Taylor从静电水力学角度研究了这种锥形,并从理论上证明了在静电力的作用下,喷嘴处的液体可以成稳定的圆锥形状。他的研究表明,在半水平角为49.3°,即圆锥角为81.4°时,液面才能成为稳定的圆锥状。

(4)不稳定状态:随着电压进一步加大,液体将出现不稳定状态,不稳定状态随流量、电压变化而不同。在高电压、大流量情况下,射流将弯曲和分叉。Shin等研究认为,不稳定状态出现可能有以下两个原因:①泰勒锥转移至喷嘴之内。②电场作用力太强,来不及形成锥就被直接喷射出来。

研究表明,除电压外,溶液浓度、溶液流量和外界环境等因素也会对泰勒锥的稳定性产生影响,当溶液浓度由小变大时,溶液的黏度随之变大,液体的表面张力变大,液滴不易破裂,因而更加有利于产生泰勒锥,但是当浓度过大时,液体的流变性变差,不利于形成稳定的泰勒锥。溶液的流速是另一个对泰勒锥稳定性产生显著影响的因素,流速较小时,不易出现泰勒锥;流速过大时,泰勒锥又会消失而出现多股细流的状态。

6.3　静电喷雾法制备染料敏化太阳能电池

6.3.1　在"cone‑jet"模式下制备光阳极

ES成膜技术虽然是一项比较成熟的制膜技术,但在DSSC光阳极薄膜的制备中却很少得到应用。可能的原因在于使用ES方法比较难以制备高比表面积的多孔薄膜。2006年,Makoto Fuiimoto率先报告了用ES法制备DSSC纳米晶电极的方法。该方法将P25粉放置于乙醇的水溶液中,形成悬浊液,在15 kV的电压下,将混合液喷向距离喷嘴4 cm的基板,形成纳米晶电极薄膜。作者认为ES法制备的光阳极薄膜比使用传统的方法可以获得更高的短路电流。但在该文中,作者并没有报道他们制备的 DSSC 器件的转化效率。2009 年,Zhang 等报道了用 Ployvinylpyrrolidone 作为 TiO_2 的前驱物,在"cone - jet"模式下用静电丝纺技术制作纳米二氧化钛电极的方法,该方法制备 DSSC 参数为 $J_{sc} = 7.89\ mA/cm^2$,$V_{oc} = 0.629\ V$,$FF = 58.5\%$,$\eta = 2.91\%$。2011 年,韩国 Huang 等以乙醇为分散液,使用浓度为 10% 的 P25 悬浊液 ES 制备粒径为 640 nm 的由零维球状颗粒组成的 TiO_2 光阳极薄膜并获得了效率为 10.57% 的 DSSC 器件。该成果代表了使用 ES 法制备 TiO_2 光阳极的研究取得了可喜的进展。随后,该课题组又使用 ES 方法在较低的温度下制备了器件,但是该课题组在实验中使用了一种强力压力装置来改变薄膜内球状颗粒之间的距离,该装置可以在 10 cm × 10 cm 的 FTO 玻璃上加上高达 120 t 的压力。这对大多数实验室来说都是很难实现的。为了探讨更加简单高效地使用 ES 方法制备 DSSC 的光阳极,在上述研究成果的基础上,对使用电喷雾方法制备 DSSC 的 TiO_2 光阳极进行了尝试性改进。

6.3.2　采用乙醇作为分散剂制备 TiO_2 电极

乙醇作为一种常用的分散剂有以下特点:①对 TiO_2 粉末分散性好;②溶液本身黏度较小,在喷雾过程中雾化电压较小;③沸点低(79 ℃),较易在喷雾过程中蒸发,在室温下即可在基板上沉积成膜。使用乙醇为分散剂,ES 制备二氧化钛薄膜的过程如下:由 P25 粉、冰乙酸和乙醇混合制备的悬浊液在机械注射泵的推动下,通过不锈钢喷嘴进入电场中,在悬浊液中加入少量的乙酸主要是为了增加溶液的电导率。喷嘴与高压电源的正极相连,透明导电玻璃 FTO 通过一个小万用表与电源的负极相连。在电场作用下,悬浊液在喷嘴处形成小悬滴,其上分布诱导电荷。随着电场电压增大,在表面电荷斥力、电场力以及液体黏滞力的共同作用下,小悬滴在喷嘴处形成稳定的"cone"。进一步增加电场,当电场强度大于某一个临界值时,小悬滴受到的电场力大于表面张力的作用,"cone"在高压电场的作用下分解成极小的雾状液滴,当雾化电压合适时,在"cone"的下端,则是由雾化后小液滴组成的气溶胶柱

"jet"，这时整个系统处在一个平衡状态，液滴粒径均匀，约为"jet"直径的2倍。此时，每个液滴中含有一个或多个 TiO$_2$ 颗粒，每个小液滴中所含的颗粒数可以通过改变溶液浓度加以控制。雾状液滴在电场的作用下飞向 FTO，到达 FTO 的液滴数多少可以通过与基板连接的小万用表的示数变化得到反应。FTO 基板被放置在一个可以作三维运动的平台上。到达 FTO 玻璃前，小液滴中的乙醇、乙酸等成分挥发掉，在 FTO 上留下由 P25 粉形成的均匀薄膜。最后，将该薄膜在 450 ℃高温下灼烧，除去薄膜中剩余的乙酸等成分，得到纳米多孔二氧化钛薄膜电极。

　　薄膜密度和厚度是影响薄膜性能的重要参数，对于一定厚度的薄膜，若薄膜密度过大，则薄膜过于致密，薄膜的比表面积较小，往往不利于电解液的渗透和染料的吸附；若薄膜密度较小，则薄膜的孔径过大，也不能取得理想的效果。使用 ES 方法时，对于薄膜密度的估计过程如下：溶液假设浓度为 n，若喷射流速为 m，薄膜厚度为 h，喷射圆圈的半径为 r，喷射时间为 t，则密度 ρ 由式（6-1）计算。可以根据理想密度以及厚度的值（5 ~ 20 μm，1 ~ 4 mg/cm^2），设计悬浊液的浓度和喷射时间。

$$\rho = \frac{nmt}{r^2 \pi h} \tag{6-1}$$

　　悬浊液成分主要影响悬浊液的黏度、电导率和"cone"的形状。主要使用无水乙醇作为分散液的主要成分，这样做有两方面原因：一方面，无水乙醇的沸点较低，在 ES 后，溶剂在常温下即可以挥发；另一方面，乙醇的黏度较小，容易在较低电压下雾化。悬浊液制备及 ES 过程如下：将 14 mg P25 粉末加入 13 mL 无水乙醇中，超声分散 1 min（2 s工作，2 s 停止，共 30 次）分散，在上述溶液中加入 0.36 mL 去离子水，再加入 0.076 mL 冰乙酸。上述混合液在 40 ℃的超声浴中分散 20 min后形成悬浊液。将悬浊液在磁力搅拌器上顺时针搅拌 45 min，逆时针旋转搅拌 45 min，然后在行星式球磨机中球磨 24 h 即可得到均匀稳定的 TiO$_2$ 悬浊液。取部分悬浊液，加入注射器中，用注射器泵送入喷嘴。ES 时，在 FTO 上放置一块金属制作的掩模板，在掩模板上刻蚀出要喷的电极形状。ES 时，注意将掩模板贴紧 FTO，以免引起电场不均匀而最终导致薄膜厚度不均匀。在加电压之前,先用一块玻璃挡住基板,以免电压较小时,悬浊液呈液柱状飞到 FTO 上,调整电压至可以保持稳定的"cone"后,取下挡板,记录该状态下电源电压和小万用表读数。在 ES 过程中,可根据小万用表的示数微调电源电压,使其读数和"cone"保持稳定状态。至 ES 过程结束时,先将挡板放置于 FTO 之上,关闭注射泵,"cone"逐渐变小,并最终消失,关闭高压电源,关闭万用表,取下喷好的电极,在 130 ℃下加热 5 min,然后放置于管式炉中,缓慢升温至 450 ℃,并保温 30 min,自然降温至室温,将电极浸入 70 ℃、50 mmol/L 的 TiCl₄ 水溶液中。30 min 后,放入管式炉,重新升温至 450 ℃,保温 30 min,自然降温至电极 80 ℃时,放置于 N719 的乙醇溶液中,避光放置 48 h 后,取出电极,浸入无水乙醇中待用。

DSSC 器件对电极的制备采用氯铂酸热解方法,将制备好的二氧化钛电极、对电极用双组分环氧树脂黏合,中间形成距离为 25 μm 的空腔,通过对电极上的小孔将电解液注入空腔,将小孔封住,完成器件封装。用 keithley 2400 检验器件的光电特性。在 ES 过程中,"cone"的稳定性和形状会影响二氧化钛薄膜的成膜质量。当"cone"稳定时,喷制的薄膜厚度均匀,表面平整。当电场强度过大时,悬浊液在电场中不能形成稳定的"cone",直接变为细小雾状液滴飞向 FTO,在单位时间内,有大量的 TiO₂ 颗粒在 FTO 表面沉积,形成的薄膜厚度分布不均匀,边缘比较厚,中间部分较薄。当电场强度较小时,悬浊液在电场中也不能形成稳定的"cone",此时,电场的作用不足以使悬滴分散成为雾状液滴,液体呈柱状直接到达 FTO 上,悬浊液中的溶剂会将已经制备完成的电极腐蚀出小孔,导致电极制备失败。悬浊液中 P25 粉含量也会对二氧化钛薄膜形貌产生巨大影响。悬浊液中 P25 粉含量越少,则在电场中每个小液滴中所含 TiO₂ 颗粒越少,电喷薄膜时悬浊液中颗粒分散情况越好,粒子越不易团聚,可以很好地控制薄膜的形貌。但是,悬浊液里 P25 粉含量越少,单位时间内喷出的二氧化钛颗粒越少,则喷制相同厚度的 TiO₂ 薄膜电极需要的时间也就越长。相反地,P25 粉末含量越多,喷制同样厚度的电极所需要的时间越短。但同时,悬浊液中的 TiO₂ 粒子越容易团聚,电喷制备的薄膜在敏化时也越不易吸附染料,而且,在 ES 过程中易出现"裂纹"和"卷边"等现象。实验表明,当每个液滴中含有 1 ~ 30 个 TiO_2 颗粒时,都可以获得较好的成膜质量。经计算,在每 10 g 悬浊液中加入 P25 粉的质量为 1.04 ~ 14 mg 时均可取得较好的成膜效果。少量的去离子水和无水乙酸的混合溶液也是悬浊液中不可缺少的组成部分。在溶液中加入水和乙酸的混合溶液,可以保证成膜的结构稳定性,避免在灼烧后膜表面出现裂纹。在电喷制备电极时,实验结果表明,当二者体积之比为 30∶1 时,成膜质量较好。除上述作用外,在悬浊液中加入适量的乙酸还可以调节悬浊液的电导率。悬浊液电导率和喷雾速度是影响成膜质量的一个重要因素,恰当的悬浊液电导率和喷雾速度是在高压电场中形成稳定的"cone"的主要原因,悬浊液电导率越大,则注射泵喷射速度应该越慢,这样才能形成稳定的"cone",获得均匀的二氧化钛薄膜。根据作者的实验,在温度为 20 ~ 25 ℃的条件下,当喷射速度为 0.02 mL/h 时,加入悬浊液的无水乙酸的体积约为悬浊液体积 1/(150 ~ 170)时,可以获得稳定的"cone – jet"模式。

喷嘴到 FTO 基板的距离对"cone"的形状也会产生影响。在本实验中,当电源电压为 3.0 ~ 3.5 kV,喷嘴到 FTO 的距离保持在 3.5 cm 时,可以获得稳定的"cone"。使用上述配方电喷雾的过程比较稳定,但制备出的器件效率并不理想,其短路电流 J_{sc} 为 7.72 mA/cm^2 , V_{oc} 约为 0.6 V,填充因子也较小,约为 47% ,总的光电转化效率约为 2.2% 。上述器件效率不理想的原因主要是悬浊液浓度较小,在 ES 过程中制备的薄膜孔隙率不足造成的。也就是说,由于悬浊液浓度较小,导致单个小液滴中含有的纳米晶 TiO_2 太少,当雾化后的液滴沉积在基板上时,悬浊液中的溶剂被蒸发掉,在基板上形成的薄膜中球形颗粒的粒径太小,最终导致在基板上制备的薄膜过于致密,造成薄膜的比表面积较小,不能吸附足够的染料造成器件的短路电流较小。为了克服上述问题,增加电极薄膜的孔隙率,使用在悬浊液中加入造孔剂和增加悬浊液浓度等两个方法对上述实验过程进行了改进。具体过程如下:在悬浊液中加入适量的高分子造孔剂以增加光阳极薄膜的孔隙率。制备悬浊液之前,先将一定比例的聚乙二醇 2000(PEG)溶解于乙醇中形成 PEG

的乙醇溶液,在制备溶液时,以长时间的磁力搅拌为手段促使 PEG 溶解到乙醇中,这个搅拌过程较长,一般需要 3～4 h。当 PEG 溶液变成透明的液体之后,取 14 mg P25 粉末加入 13 mL 上述溶液中,并加入适量的冰乙酸调节悬浊液的电导率,然后加入去离子水等经超声、球磨、搅拌等过程制备成均匀稳定的悬浊液。聚乙二醇(PEG)作为大分子的造孔剂被应用于 DSSC 的电极薄膜制备中。与另一种在 DSSC 中常用的高分子造孔剂乙基纤维素相比,PEG 分子较大,造孔效果更加理想。改变悬浊液中的 PEG 含量对二氧化钛电极的形貌有重大影响。当加入的 PEG 含量过多时,薄膜的比表面积虽然比较大,然而薄膜中所含的纳米晶颗粒太少,薄膜吸附的染料较少,因而产生的光电流小;当 PEG 含量过少时,形成的薄膜孔径较小、薄膜的比表面积小,薄膜过于致密。TiO_2 薄膜也表现出较小的光电流;这是由于微孔数目较少,孔径太小,一方面,影响光阳极薄膜对染料分子的吸附;另一方面,也会影响电解液的渗透和扩散,微孔孔径太小阻碍和减慢了电解液中氧化、还原离子的扩散,特别在强光照射下,电解液中的氧化、还原离子在微孔内扩散速度太慢,因此薄膜内部孔径过小会严重影响薄膜电极的光电性能,降低太阳能电池的转化效率。在传统的使用 D－B 法制备 DSSC 的 TiO_2 纳米光阳极时,常用加入 PEG 的比例为 P25 粉质量的 50%～60%。在电喷雾实验中,所加 PEG 的比例要小于刮涂方法,主要原因是使用 ES 方法制备的薄膜本身就具备一定的孔隙率,因此加入少量的造孔剂即可得到比较理想的调节孔隙率和孔径的效果。另外,如果悬浊液中含有过多的 PEG 成分,液滴在到达基板后,悬浊液中的溶剂成分迅速蒸发,而高分子成分不能被蒸掉,这时就会在基板上形成一层黏膜,最终导致制备阳极薄膜失败。实验结果表明,在电喷雾法制备 TiO_2 光阳极时,要取得比较理想的成膜结果,在悬浊液中加入 PEG 的质量应该为 P25 粉质量的 15%～20% 为宜。在悬浊液中加入的 PEG 质量为 P25 粉质量的 20% 时,使用电喷雾法制备阳极薄膜的 DSSC 器件的短路电流 J_{sc} 为 10.20 mA/cm^2,开路电压 V_{oc} 约为 0.76 V,填充因子约为 73%,器件的总的光电转化效率约为 5.6%。从实验结果可以看到,加入 PEG 后器件各个参数与不加 PEG 相比较均有较大幅度的提高。加入 PEG 后形成的薄膜是由大量粒径为 100 ~ 200 nm 的 TiO_2 小球堆积形成的薄膜。孔径约为 150 nm。该结构一方面保证了电子在纳米晶半导体颗粒之间的传输;另一方面,可以保证电解液在薄膜中的自由流动。虽然用浓度较小的悬浊液加入适量的 PEG 用电喷雾法制备薄膜时效果较好,但是,该方法的重大缺陷就是 ES 过程花费时间过长,制备一片厚度为 15 μm 的薄膜样品往往需要花费几个小时。ES 的稳定状态随着时间的延长会发生一些细微的变化,时间过长的制备过程无疑会破坏薄膜表面形貌的一致性,给器件的平行性实验带来不确定因素。针对低浓度悬浊液的上述缺点,尝试在较高浓度下对乙醇作为分散液的 ES 进行了研究。实验过程如下:使用乙醇为分散剂,将 P25 粉通过研磨(30 min),超声(30 min)、球磨(24 h),磁力搅拌(3 h)等过程均匀地分散于乙醇中,形成浓度为 2.5% 的悬浊液。悬浊液中晶体粒径的大小会影响制备薄膜的性能,通过上述分散过程,悬浊液中的 TiO_2 约为 44 nm。使用该悬浊液在雾化电压为 4.2 kV,喷雾速度为 0.8 mL/h,喷嘴到基板距离为 4.5 cm 时,在 ES 过程中可形成稳定的 "cone – jet" 模式。制备的光阳极薄膜主要由粒径为 400 ~ 600 nm 球形颗粒构成,制备器件的转化效率为 5.4%。在实验中还发现,基板与喷嘴之间距离的变化会影响到光阳极薄膜中 TiO_2 颗粒的形貌,进而对器件性能产生影响。当二者相距较大时,薄膜中含有大量的球形 TiO_2 颗粒,球体粒径较大,约在 500 nm。而当二者距离较小时,薄膜中颗粒形貌更加接近于纳米 TiO_2 晶体。产生该形貌区别的原因主要与分散液在电场中蒸发的快慢有关。当距离较大时,液滴在电场中飞行时间较长,分散液在飞行过程中几乎完全被蒸发出去,当下落到基板上时,呈现出规则的球体状颗粒。当喷嘴与基板距离较小时,液滴中分散液还没有被完全蒸发就下落到基板上,由于基板对液滴的反作用力使得液滴在基板上呈现出不规则形状,多个液滴叠加后,则形成类似多孔纳米晶薄膜的形貌。另外,喷嘴与基板之间距离越小,电极上形成的薄膜面积越小,各个粒子之间的距离越小。电子在颗粒之间的传输性就越好。这主要是因为当距离较远时,颗粒之间的距离较大,一方面,会影响电子在电极中的传输;另一方面,较远的距离导致薄膜的密度太小,最终导致电极吸附染料较少。

　实验结果表明,由于本身的物理化学性质的限制,乙醇并不是 ES 方法中最理想的分散液。使用乙醇作为分散液主要存在如下问题:第一,较高浓度的 TiO₂ 悬浊液在使用中会因为团聚而很快出现沉淀。第二,乙醇的沸点较低(79 ℃),在 ES 过程中,喷嘴处悬浊液常常会因为分散液蒸发而堵塞针孔,导致成膜不均匀。另外,在 ES 过程中,悬浊液中的乙醇往往在液滴到达导电基板之前就被蒸发,TiO₂ 球体落到基板上以后,距离不再发生变化。因此,形成的 TiO₂ 薄膜球体之间的距离较大,球体之间接触面积较小,较大的距离和较小的接触面积会影响电子的传输,也不利于染料的吸附。因此,在使用 ES 方法制备 TiO₂ 电极时,迫切需要找到更加合适的分散液取代乙醇。

6.3.3　不同羟基(—OH)数目的分散剂对 TiO₂ 电极的影响

　对于使用乙二醇和丙三醇作为分散液 ES 制备 DSSC 器件光阳极。主要做了以下研究:由于乙二醇和丙三醇的沸点比较高,如果用它们作为分散剂制备悬浊液,在常温下,液滴在到达基板时,液滴中的分散液不会被完全蒸发掉,如果分散液沉积在基板上就不可能在基板上形成均匀的薄膜。为了保证成膜的质量,在基板下面加上一个热板来帮助分散液蒸发。在使用乙二醇和丙三醇作为分散液时,热板温度分别为160 ℃ 和 260 ℃。改进的实验设备示意如图 6-2 所示。

　悬浊液的稳定性对电喷雾过程会产生重大影响,只有稳定的悬浊液才能保证电喷雾过程中"cone"的稳定。如果悬浊液不稳定,随着时间的延长,悬浊液中的悬浮颗粒会逐渐团聚成粒径更大的颗粒,这些大的颗粒会在悬浊液中形成沉淀,最终堵塞喷嘴,导致 ES 过程失败。对悬浊液的稳定性的研究通过对悬浊液进行动态光散射(DLS)测试完成。

　图 6-3 为不同分散剂的悬浊液 DLS 测试的结果。测试样本有浓度2.5% 、5% 和 7.5% 的乙醇悬浊液;浓度分别为 10% 、20% 、30% 、40% 的乙二醇和丙三醇悬浊液。

　从图 6-3(a)可以看到,当不同浓度的乙醇悬浊液在刚刚制备完成

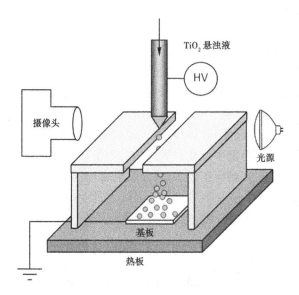

图 6-2　改进的实验设备示意

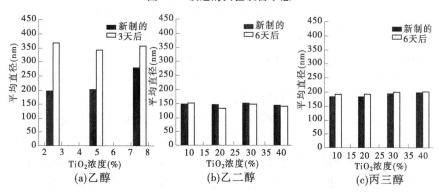

图 6-3　不同分散剂的悬浊液 DLS 测试的结果

时,悬浊液中颗粒大小基本相同,粒径为 150～180 nm,随着时间增加,悬浊液中的颗粒粒径迅速增加,3 天后粒径增加到 200～350 nm。随着悬浊液粒径增加,大量的白色沉淀也会出现在悬浊液中。当使用乙二醇和丙三醇作为分散液制备悬浊液时,由图 6-3(b)、(c)可以看到,悬浊液的稳定性有了极大的提高,悬浊液中颗粒粒径在 6 天内甚至更长的时间内几乎保持不变。根据其他课题组的研究结果推测乙二醇和丙三醇悬浊液更加稳定的原因,可能与分散液分子中所含的羟基基团数目有关,也就是随着分散液分子中羟基数目增加,每个分散液的分子可以结合的最大 TiO_2 颗粒个数也在增加,悬浊液的稳定性依次增加。

对以 P25 粉、乙醇及乙二醇悬浊液中沉淀出的粉末进行了红外测试。测试样品制备过程如下:样品 a 为将 P25 粉末按 5% 的质量比加入 KBr 粉末制备压片。样品 b、c 则为由乙醇、乙二醇悬浊液中加入其他溶剂后得到沉淀,经过升温处理后形成的白色粉末。将这些白色粉末按 5% 的质量比加入 KBr 粉末制备得到的压片。对于二氧化钛粉末制备的样品,在 1 620 cm^{-1} 处出现一个吸收峰,文献报道这个峰值来源于 Ti—OH 基团中的 OH 基团的振动。对于使用来自乙醇悬浊液的样品来说,其在 1 620 cm^{-1} 处的吸收峰相对于二氧化钛样品来说只是略微有些展宽,这说明乙醇与 TiO_2 颗粒之间的反应极其微弱,而当测试来自乙二醇悬浊液形成的样品时,可以看到在 1 620 cm^{-1} 处的吸收峰有较大的展宽,这说明乙二醇与 TiO_2 颗粒之间有较强的反应。对于丙三醇悬浊液,没有找到合适的溶剂,因此只根据乙醇和乙二醇悬浊液的情况进行了推测。红外测试结果可以证明,悬浊液的稳定性随着分散液分子中羟基个数逐渐增加。分散液的物理性质对电喷雾过程的影响:在使用电喷雾法制备 TiO_2 薄膜时,分散液的物理性质也会对电喷雾过程产生影响,例如分散液的电导率会对雾化电压产生影响。实验中,由于乙醇电导率最小为 1.35×10^{-9} S/cm,则对应的发射电压约为 4.5 kV。丙三醇的电导率大于乙醇,约为 6.4×10^{-8} S/cm,因此在电喷过程中合适的电压值为 4.2 kV。在三者中,乙二醇的电导率最大,因此电喷雾时工作电压最低约为 4.0 kV。除电导率外,分散液的其他性质,例如分散液的沸点、黏度等都会对 ES 过程中的稳定性产生影响。

在 ES 过程中,希望使用较高浓度的悬浊液,这是因为高浓度的悬浊液可以节省喷雾时间,有利于大规模生产。然而,通过实验发现,在使用乙醇作为分散液时,悬浊液的浓度不能超过 10%。当制备浓度超过 10% 的悬浊液时,TiO_2 团聚情况严重,在极短的时间内就会出现沉淀。在实验研究中,当使用乙醇作为分散液时,得到的悬浊液最大浓度为 7.5% 。由于乙二醇和丙三醇的黏度远远大于乙醇的黏度,在使用乙二醇和丙三醇制备悬浊液时,可以得到更高浓度的悬浊液。因此,当使用乙二醇和丙三醇的高浓度的悬浊液电喷制备薄膜时,可以节省大量的时间,例如,当制备 18 μm 的薄膜时,若使用浓度为 7.5% 的乙醇悬浊液,需要 60 min,然而,当分别使用浓度为 40% 的乙二醇悬浊液时,需要时间为 22 min、18 min、15 min 和 10 min。当使用丙三醇悬浊液时,对应 10%、20%、30% 和 40% 浓度的悬浊液,需要时间约为 20 min、15 min、11 min 和 8 min。

在使用 ES 方法制备 DSSC 光阳极薄膜时,所得到的光阳极薄膜形貌除与分散剂的物理—化学性质密切相关外,基板与喷嘴的距离也会影响光阳极薄膜的形貌,当基本与喷嘴距离较近时,在基板上形成纳米晶 TiO_2 薄膜,该种薄膜与使用刮涂及丝网印刷形成的纳米晶薄膜形貌极其相似。在性能上也没有表现出来更加优越的地方,因此该种电极形貌不是研究的主要问题。当二者距离较远时,由于在下落过程中液滴中的分散液被全部蒸发,液滴内的纳米 TiO_2 颗粒在液体表面张力的作用下,呈现球形颗粒沉积在 FTO 上,这种球状颗粒较通常被称作二级 TiO_2 球体(secondary TiO_2 sphere)。这些球状的颗粒又是由许多更小的初级颗粒(primary TiO_2 particle)组成的。各个二级球状颗粒之间存在有粒径较大的微孔,这些微孔存在有利于电解液在电极中的渗透。各个初级颗粒之间连接比较紧密,这样的结构可以保证电子在光阳极中的顺利传输。使用乙醇作为分散液,从悬浊液浓度分别为 2.5%、5% 和 7.5% 时的薄膜的 SEM 图像可以看出,TiO_2 薄膜都是由大量的球状 TiO_2 颗粒组成的。对应于不同的浓度,二级球体粒径分别为 600 nm,800 nm 和 1 μm。这说明随着悬浊液浓度的增加,所成球状颗粒的粒径也在增加,这主要是因为浓度越大时,同样的液滴中含有更多的 TiO_2 纳米颗粒,乙醇被蒸发后,就会在 FTO 玻璃上沉积出较大的颗粒。对应于乙二醇悬浊液,当浓度由 20% 增加到 30% 和 40% 时,电极中球状颗粒的粒径也有同样的变化趋势,粒径由 1 μm 经过 3 μm 增加到 6 μm。在丙三醇的悬浊液中,随着悬浊液浓度由 30% 增加到 40%,球状颗粒粒径由 5 μm 增加到大约 7.5 μm。

上述结果说明对于同一种悬浊液来说,随着悬浊液浓度的增加,经过 ES 过程形成的二级球体颗粒的粒径会逐渐变大。大的球形颗粒可能带来较好的器件性能,这是因为大的球形颗粒之间的微孔孔径也比较大,更加有利于电解液在中间传导和渗透。同时,较大的球体内部含有更多的纳米二氧化钛颗粒,这样会导致纳米晶体颗粒之间接触更加紧密,从而更加有利于载流子在球体内部的传输。另外,这种结构的电极薄膜中,含有较多的纳米晶颗粒,有利于染料的吸附。

采用不同分散液制备的光阳极在组装器件后,器件的性能参数变化也有很强的规律性,在电喷雾过程中,随着分散液分子中羟基集团增加,短路电流和效率都在增加,使用同一种分散液时,短路电流和效率随着悬浊液浓度增加而增加。另外,还发现另外一个有趣的现象,当使用乙二醇和丙三醇作为分散液时,当悬浊液浓度较低时,如乙二醇悬浊液浓度为 10%,丙三醇悬浊液浓度为 10% 和 20% 时,ES 在 FTO 上沉积的电极薄膜不是球状颗粒,而是类似纳米晶多孔薄膜的 TiO_2 电极薄膜,形成该种形貌的原因可能是当悬浊液浓度较小时,液滴中所含的 TiO_2 纳米颗粒较少,当液滴中的分散液被蒸发后,液滴内的 TiO_2 结合在一起还不能形成比较明显的球形颗粒。因此,从 SEM 图像上看起来为酥松的多孔状结构,从形貌上来看,更像纳米晶多孔的薄膜。该种结构的电极虽然具有较大的比表面积,电解液也能在其中顺利流动。但是,电极中含有较少的纳米晶体颗粒,电极在敏化时不能吸附足够的染料,从而导致较低的短路电流和转化效率。这种薄膜成膜不规则,薄膜内可能存在有较大的孔隙,因此使用该结构制备电极时,往往器件的性能较差。

产生这种趋势的原因是在电喷雾时,当使用同一种分散液时,浓度越高,产生的球体粒径越大。同样,在使用不同种分散液制备 DSSC 光阳极时,分散液分子中所含的羟基个数越多,生成的球形颗粒粒径越大。大粒径的球状颗粒与纳米晶电极薄膜相比较,粒径较大的颗粒有如下优势:

(1)每个大的球状颗粒含更多的纳米晶 TiO_2 颗粒,球内的孔隙(Voids)较小,球内各个纳米晶之间联系比较紧密。这种结构更加有利于电子在球内的传输。

（2）球状颗粒之间孔隙（pore）较大，更加有利于电解液在电极内部的流动，提高了空穴的传输效率。

（3）较大的球状颗粒会对入射光产生更多的反射和折射，入射光在器件内部多次反射，延长了光程，提高了入射光的利用率。

6.4　丙三醇/乙二醇悬浊液制备 TiO₂ 光阳极

对分子中含有不同数目的羟基基团的分散液 ES 过程研究结果表明，分散液分子中含有的羟基数目越多，形成悬浊液的稳定性越好，并且，制备的器件的性能也越好。在此研究的基础上，对基于丙三醇悬浊液的 ES 过程做了比较深入的研究。在使用电喷雾方法制备 DSSC 光阳极的过程中，除分散液本身所含的羟基个数会影响悬浊液的稳定性及最后成膜的形貌外，悬浊液的电导率和黏度也会严重影响电喷雾的过程。电导率较大时，液滴在喷嘴处可以带更多电荷，液滴各个部分之间的排斥力较大，更加容易雾化，进而可以减小喷嘴与基板之间的距离，也即可以减小电喷雾过程的雾化电压。液滴直径与电导率的关系可由式(6-2)得出。另外，如果电喷雾过程形成"cone - jet"模式，则需要的电压值较小。而系统比较容易得到的稳定的喷雾状态为：

$$D = G(\varepsilon)(Q\varepsilon\varepsilon_0/K)^{\frac{1}{3}} = G(\varepsilon)(Q\tau_s)^{\frac{1}{3}} \tag{6-2}$$

悬浊液的黏度也会对电喷雾过程产生影响。当悬浊液黏度较大时，液滴的表面张力较大，液滴需要更大的电场力才能完成雾化。因此，黏度越大的悬浊液，其雾化电压也就越高，ES 过程也就越难以实现。丙三醇的电导率为 6.4×10^{-8} S/cm，约为乙醇电导率的 500 倍，然而，丙三醇的黏度值也非常大，其数值为 1 412 mPa·s，约为乙醇黏度的 1 000 倍。因此，在使用丙三醇作为分散液的实验中，主要对悬浊液电导率与黏度对 ES 过程的影响进行了研究。

丙三醇黏度过大导致在 ES 过程中需要使用较高的电压来实现液滴的雾化，实验中通过加大悬浊液的电导率来减小雾化电压。用稀盐酸、乙腈、乙酸及甲酸等物质进行了提高悬浊液电导率的实验。实验表明，当取 0.1 mL 盐酸加入丙三醇悬浊液中，在经过长时间的搅拌后，悬浊液黏度变得更大，并伴有类似水果的香味，这可能是盐酸与丙三醇在搅拌过程中发生了反应所致。因此，在使用丙三醇悬浊液制备光阳极时，不能使用盐酸等强酸来调节悬浊液的电导率。

乙酸在 25 ℃时电导率为 1.12×10^{-8} S/cm，小于丙三醇自身的电导率，因此在实验中对提高悬浊液电导率效果不显著。乙腈的电导率为 3.7×10^{-6} S/cm。在悬浊液中加入少量的乙腈即可将悬浊液的电导率提高约1个数量级。但是，在电喷雾过程中，这种悬浊液的"cone - jet"状态很不稳定，液滴几乎不能分开直接滴到 FTO 玻璃上，不能形成稳定的"cone - jet"状态。原因可能是乙腈分子的极性较差，在丙三醇中几乎不能电离出离子。所以，乙腈虽对提高悬浊液的电导率作用显著，但是，对减小悬浊液雾化电压几乎没有作用。另外，作者从降低悬浊液浓度的角度也进行了尝试。向悬浊液中加入少量的去离子水，并加以搅拌，在实验中，发现在 ES 过程中，"cone - jet"状态更加不稳定，这可能是因为加入去离子水后，悬浊液中相平衡被破坏。除电导率和黏度对电喷雾过程产生影响外，悬浊液的沸点也会影响电喷雾的过程。丙三醇的沸点为 297 ℃，这样在电喷雾过程中，热板温度为 260 ℃，如此高的温度会在喷嘴与基板之间形成不平衡的热气流，这个热场的存在会对 ES 状态产生严重影响。

6.5　乙二醇分散液 ES 制备 DSSC 光阳极

与丙三醇相比较，乙二醇分子中虽然所含的羟基个数少，然而，乙二醇具有的电导率大（1.07×10^{-8} S/cm），且黏度较小（16.9 mPa·s）、沸点较低等特点，这些特点会给 ES 过程带来有利的一面。因而，采用乙二醇作为分散液进行了详细的研究。以往的研究发现，对于同一种分散液来说，悬浊液的浓度越大，制备的光阳极器件性能越好；制备同样厚度的薄膜，使用较高浓度的悬浊液所需要的时间较短。另外，较高浓度下的悬浊液在 ES 过程中更加节约材料。如果悬浊液浓度为1%，那就意味着有 99% 的分散液在成膜后被蒸发掉。如果浓度为

40%，则仅有60%的悬浊液成分被蒸发掉。因此，使用较高浓度的悬浊液来制备DSSC光阳极是作者课题研究的重要部分。目前，使用乙二醇作为分散液制备的悬浊液最大浓度为40%。高于40%的悬浊液因为TiO$_2$粉末过多，在制备过程中容易出现团聚现象。

40%乙二醇悬浊液制备过程如下：在玛瑙研钵中，将6 g P25粉末分三次混入8.5 g乙二醇中，考虑到乙二醇的黏度是乙醇黏度的20倍，为了避免团聚，将P25粉末逐次加入，一边加P25粉末，一边研磨。经过20 min研磨后，在悬浊液中加入0.5 g甲酸以提高悬浊液的电导率。将上述悬浊液经超声30 min，球磨20 h后，得到浓度为40%，电导率为0.02 S/m的悬浊液。该悬浊液十分稳定，可以在空气中静置30天不会发生沉淀。在ES时，悬浊液被注射泵送到不锈钢喷嘴中，喷嘴的外径为0.71 mm、内径为0.29 mm。喷嘴到基板距离为4.5 cm，当注射泵电喷时流速为0.05 mL/h，在雾化电压为4.5 kV时，可以形成稳定的"cone-jet"模式。整个泰勒锥因为使用高浓度的悬浊液而呈现白色，cone下边射流部分(jet)极短，这主要是因为悬浊液电导率较大，悬浊液雾化充分。不同流速下的液滴粒径可以使用位相多普勒干涉仪(PDI)在反射模式下测得。之所以使用反射模式是因为小液滴是不透明的。为了测量从喷嘴中喷出的液滴粒径，PDI被放置在一个三维的千分尺上，以准确定位电喷雾的区域。激光探头正对喷射速度最快的区域。实验中记录了2 000个基本的液滴粒径，求出了它们的平均粒径D_{10}，经测量，主要喷雾区离子半径与D_{10}的相对误差小于12%，这说明虽然雾化后还有其他粒径不同的小液滴存在，但是，主要粒径的液滴还是占主导地位(>90%)。

乙二醇的沸点为197 ℃，在常温下，小液滴从基板飞出后到达基板时，液滴中的分散液大部分都没有被蒸发，残存的分散液会腐蚀沉积在基板上的TiO$_2$薄膜，导致薄膜上出现不规则的孔洞，破坏薄膜的均匀性。为保证成膜的均匀性，在基板下放置了热板，通过热板加热在喷嘴和基板之间建立一个热场，使得液滴在到达基板之前大部分被蒸发。热板被装在三维运动的平台之上。利用三维平台，可以随意调整喷嘴与基板的距离，还可以使基板在电喷雾上时，沿着电脑设计的路径运行,保证电喷薄膜厚度的均匀性。

在电喷雾过程中,希望得到含有球状 TiO_2 颗粒的电极,根据以前的研究,电场中小液滴中分散液蒸发的速度会对光阳极的形貌产生影响。在使用乙二醇悬浊液电喷制备 DSSC 光阳极时,热板温度会对薄膜形貌产生巨大的影响。如果在电喷雾过程中,当热板温度低于 130 ℃时,悬浊液中分散液蒸发需要更多时间,当液滴到达基板时,液滴中还会剩余大量分散液没有被蒸发掉,液滴到达基板后,就会在 FTO 上形成一层半流体的物质,基本不能形成球状颗粒组成的薄膜。当热板温度上升至 150~170 ℃时,当小液滴沉积在 FTO 上时,液滴中的乙二醇成分大部分被蒸发掉,然而,此时仍然有少部分分散液还残留在球体颗粒中,当球状颗粒沉积在基板上时,就会形成一种柔性的球体颗粒,这种颗粒与基板碰撞后形状发生变化,从而在基板上形成不规则的球体。这种不规则结构的球状薄膜具有两方面的优势,一方面,形成了零维球状颗粒,与纳米晶多孔电极相比较,零维球状颗粒可以吸附更多的染料;另一方面,球形颗粒之间相互之间接触面较大,且在球状颗粒之间还有一层由纳米 TiO_2 颗粒组成的薄膜,这层薄膜的存在增加了球状颗粒之间的相互连接,更加有利于电子在球与球之间的顺利传输。

温度不同除引起电极表面的形貌不同外,对形成球体的内部结构也会产生影响,球形颗粒内部是不是实心结构也会影响器件的性能。通过使用聚焦离子束(FIB)观察球体的截面,发现在 150 ℃温度下形成的球状颗粒是实心的。当热板温度在 250 ℃时,基本上形成的球体颗粒为中空球壳结构,这是因为当热板温度上升到 250 ℃时,热板温度远高于乙二醇的沸点,液滴中的分散液迅速蒸发。液滴在到达基板之前,液滴内的分散液全部被蒸发,因此在此温度下,在基板上得到空心球形颗粒的球壳形貌。球体之间的结合情况也会极大影响器件性能,当在较低温度下制备光阳极时,电极中 TiO_2 球体颗粒之间有一层薄膜相连接,球体之间接触面积较大,而在温度为 250 ℃的,形成的单个球体形状规则而且互相之间近似为点接触。

将在不同温度下制备的光阳极薄膜经 N719 敏化后,制备成 DSSC 器件,二者在性能上有很大差别。在 150 ℃下制备的器件的参数为:

$J_{sc} = 13.58$ mA/cm^2, $V_{OC} = 0.77$ V, $FF = 65\%$, $PCE = 6.81\%$。在 250
℃下制备器件参数为：$J_{sc} = 9.19$ mA/cm^2, $V_{OC} = 0.77$ V, $FF = 62\%$,
$PCE = 4.4\%$。二者之间差距主要表现在高温下制备光阳极组装器件
的短路电流较小。推测原因是在较高温度下制备的光阳极薄膜及
DSSC 器件性能较差可能有如下原因：第一，高温下得到的 TiO$_2$ 球体为
中空结构，球体内部空间过大，球体包含较少的纳米颗粒，因此在敏化
时不能吸附足够的染料，导致器件工作时的短路电流较小。第二，在
TiO$_2$ 球体外部，各个球体颗粒之间接触面积较小，球体与球体之间几
乎是"点接触"，结合并不紧密。因此，球体颗粒之间传输电子的通道
较窄，电子的传输性能较差。当热板温度较低时，形成的实心球体在被
敏化时会吸附更多的染料，且各个球形颗粒之间连接紧密，有利于电子
在不同球体之间传输。

　　为了证明上述的推测，作者测量并计算了此两种温度下制备的器
件的电子迁移率。具体测量计算过程如下：在 150 ℃ 和 250 ℃ 温度下
使用 ES 方法制备球状 TiO$_2$ 光阳极薄膜，在薄膜未被敏化的情况下，按
照通用工艺组装成器件，通过用电化学工作站测到器件的阻抗虚部—
频率的关系图（I_m—ZF），找出各个器件的峰值频率 F，然后根据 $t_F = 1/F$ 求出一个相关时间，接着根据 $\tau_t = 0.35\tau_F$ 算出载流子的迁移时间，
最后由式(6-3)得出载流子迁移率，即

$$\mu = \frac{d^2}{\tau V} \tag{6-3}$$

式中　d——待测样品厚度；

　　　τ——载流子的寿命；

　　　V——器件两极所加的直流偏压。

　　图 6-4 为计算得到的在两种温度下制备的器件的载流子迁移率。
由此可以看到，在 150 ℃下制备的两个器件的电子迁移率分别为 2.06
~ 2.29 × 10^{-2} cm/(V·S)，而在 250 ℃下制备的两个器件中电子迁移
率均为 1.15 × 10^{-2} cm/(V·S)。不同温度下得到的光阳极制备 DSSC
器件中电子迁移率的测量结果证明了作者对二者性能的差异的推测。

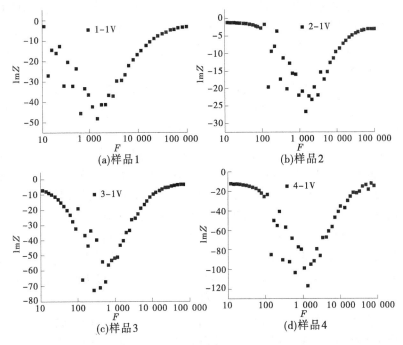

图 6-4　器件的载流子迁移率

6.6　静电喷雾法制备对电极

　　DSSC 器件的对电极在工作时主要有两种作用:第一,传输载流子,将外电路电子传进器件。第二,对电解液的还原起催化作用。对于对电极的研究也是主要围绕这两点展开的。作者主要针对用电喷雾法制备对电极及在对电极上制备反射薄膜以提高入射光的利用效率进行了研究。传统的制备对电极的方法主要有溅射、拉膜、旋涂等方法。溅射方法可制备表面光滑的对电极,该对电极的催化性和对入射光的反射性均十分理想。然而,使用溅射方法制备对电极时需要昂贵的铂靶,导致对电极成本偏高。拉膜、旋涂等方法制备对电极工艺简单,但需要使用较多的氯铂酸材料,也会增加对电极制备成本。电喷雾方法可以用来制备致密的薄膜,因此在研究中尝试使用电喷雾的方法制备 DSSC 器件的对电极。在实验中将 1 mg 氯铂酸溶解于 1 mL 异丙醇(分析纯)中,得到黄色的氯铂酸溶液。需要注意的是,在使用氯铂酸溶液制备对电极时,不能用含有铁离子的喷嘴,这是因为铁离子会导致铂催化剂中毒,导致对电极失效。为此,将电喷雾装置进行如下改进:将高压电源的正极端连接在一段石墨棒上,液滴从注射器泵中流出后,经塑料管流到石墨棒上,在石墨棒的下端形成稳定的"cone – jet"模式,此时热板温度为 90 ℃,以促进溶剂迅速蒸发。采用上述设备,在电压为 0.7 kV,流速为 0.1 mL/min 的情况下,制备了对电极。组装器件后,得到的效果与采用旋涂方法制备的器件效果基本相同。所得期间参数为:$J_{sc} = 12.5$ mA/cm^2,$V_{oc} = 0.76$ V,$FF = 68\%$,$PCE = 6.46\%$。可见,在制备对电极时,只要在 FTO 上沉积出铂膜,对于薄膜形貌并没有更高要求,同样制备透明铂膜时,采用拉膜、旋涂和电喷雾方法制备结果基本相同。与旋涂方法相比较,电喷雾方法一方面可以大规模制备对电极;另一方面,可以节省大量原材料。

　　DSSC 器件在工作过程中主要有以下几个方面的因素会引起器件转化效率降低:①入射光在照射到电池器件表面时,由于表面比较光滑,因此大约有 30% 左右的光能量被反射;②吸收时的能量损失,这主要是因为染料的吸收谱与太阳光谱不完全重合,部分波段的太阳光不能被器件吸收;③由于器件结构的缺陷带来的载流子的复合;④由于入射光从对电极透射带来的效率减小。研究者针对上述几个问题做了大量的研究,取得了良好的效果,并已经被广泛应用于提高器件效率的研究中,例如:为了减小表面反射,可以在光阳极表面上增加防反射膜层;采用多种染料共同敏化光阳极,以拓宽染料的吸收谱;采用新型结构,以减小器件中载流子的复合;在薄膜中加入一些大粒径的 TiO$_2$ 的颗粒作为散射中心,通过对入射光的反射和折射,以提高效率。

　　为了提高入射光的利用率,进而提高器件的转化效率,主要对使用在 DSSC 器件中对电极上制备反射膜对器件性能的影响进行了研究。从光阳极进入器件内的入射光,在经过器件阳极 FTO 玻璃的反射、光阳极吸附的染料吸收后,总会有部分入射光从对电极泄露出来。如果将这一部分光经过反射薄膜或者反射镜反射回器件中加以利用,就可以提高器件对入射光的利用率,进而提高器件的光电转化效率。在实验过程中,使用分光光度计分别测量了含有厚度不同光阳极的 DSSC 器件对入射光的透过率。对于光阳极厚度为 15 μm 的染料敏化太阳能电池,器件平均透光率约为 36.5%,而光阳极厚度为 7 μm 厚的 DSSC 器件的平均透过率约为 53.68%,这说明不论制备的 TiO_2 电极薄膜厚度如何,DSSC 器件在工作时,都会有部分光能量通过 DSSC 器件而从对电极射出。图 6-5 为 Liu 等对 DSSC 器件透射率的测试结果。图 6-5 中较细的曲线为入射光通过光阳极厚度为 15 μm 的器件的透射谱,较粗的曲线则为光阳极厚度为 7 μm 的器件的透射光谱。从图 6-5 可以看到,使用厚度不同的两种光阳极薄膜制备的器件,对波长在 350～550 nm 的可见光的吸收会因光阳极厚度不同而不同,然而这两种器件对于波长 550～800 nm 的光的吸收都比较差。

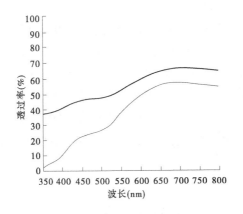

图 6-5　DSSC 器件的透射谱

图 6-6 为 3M 公司生产的银反射膜的反射光谱,可以看到,该种银膜对 400～800 nm 的光的反射率超过 80%。如果将 DSSC 器件和反射膜结合起来,理论上大多数入射光会被反射膜反射再次进入器件内部,从而可以提高器件对入射光的利用率。但是由于银价格昂贵,熔点高,容易与空气中的硫反应生成硫化银等缺点,目前,银反射膜还没有在

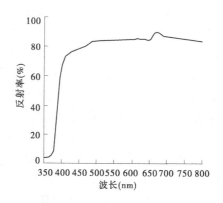

图6-6 3M 公司生产的银反射膜的反射光谱

DSSC 研究中得到广泛的应用。相对于银膜,铝膜的反射率稍差,但其具有价格便宜、制备工艺简单等优点,因此对在器件的对电极上蒸镀铝膜进行了比较详细的研究。

为了研究在对电极上制备反射膜前后对电池性能参数的影响,用Matlab 对制备反射膜前后器件性能进行了仿真分析,着重研究了光吸收效率与各参数的关系及改进的效果。镀膜后的 J_{SC} 除了入射光照射产生的电流,还有部分来源于薄膜反射后在器件中产生的电流。考虑光反射的情况,反射光产生的电流密度可由式(6-4)计算得到:

$$J_{SC反射} = \frac{q\phi TL\alpha}{1 - L^2\alpha^2}\Big[L\alpha + \tanh\Big(\frac{d}{L}\Big) - \frac{L\alpha\exp(d\alpha)}{\cosh\Big(\dfrac{d}{L}\Big)}\Big]\exp(-d\alpha)$$

$$(6-4)$$

式中 T——电解液对入射光的透过率。

当对电极反射膜制备在对电极内表面时,经反射膜反射的光强值等于入射光强与电解液透过率之乘积。当反射膜镀在对电极外侧时,反射光的光强的值等于入射光强与电解液透过率乘积再乘以 FTO 透过率的平方。制备反射膜后 DSSC 的短路电流密度为入射光照射时产生的光电流密度 J_{SC} 和反射光产生的光电流密度 $J_{SC反}$。

对 DSSC 在对电极上没有制备反射膜和在对电极内表面制备反射

膜时器件性能模拟过程如下,假设器件的光阳极厚度为 1×10^{-4} cm,电子在光阳极中扩散系数 D 为 5×10^{-4} cm^2/s,电子在光阳极中寿命 t 为 10×10^{-3} s,器件的理想因子为 4.5。仿真结果表明,对电极上没有镀反射膜,得到器件的短路电流 $J_{\mathrm{SC}} = 13.796$ mA/cm^2;对电极上镀反射膜后,短路电流增大为 $J_{\mathrm{SC}} = 17.472$ mA/cm^2。通过对器件的模拟表明:在对电极内表面上镀反射膜时,比没有反射膜时短路电流提高大约 27%。

　　研究反射膜对器件性能影响的实验过程如下:清洗干净的 FTO 玻璃经等离子体处理后,放置于真空蒸镀腔内,将蒸镀用的铝丝缠在钨丝上,然后用扩散泵和分子泵对真空室抽真空,腔内的真空度被抽至 10^{-3} Pa 时,打开升温设备给铝丝加热,当腔内真空度突然变小时,打开遮挡板,开始在倒扣的 FTO 玻璃上蒸镀铝膜。当蒸镀铝膜厚度达到 400 Å 时升起遮挡板,停止蒸镀过程。在降温 20 min 左右即可打开真空室,取出镀好的导电玻璃。

　　将蒸镀铝膜的 FTO 玻璃烘干,并用氧等离子体处理,然后使用旋涂法将浓度为 5×10^{-3} mol/L 氯铂酸的异丙醇溶液涂到带有铝膜的 FTO 玻璃上,匀胶参数为低速:600 r/min,匀胶时间:6 s,高速:1 450 r/min,匀胶时间:20 s。作为参考,采用同样的匀胶参数制备了不带铝膜的对电极。将制备好的带有反射膜的对电极、参考对电极、厚度为 7 μm 且已经完成敏化的光阳极薄膜,以及电解液一起组装 DSSC 器件。器件的光阳极使用旋涂法制备得到。实验的结果如下,使用未镀膜对电极制备的 DSSC 器件短路电流密度为 $J_{\mathrm{SC}} = 6.44$ mA/cm^2,而在对电极外表面制备反射膜的电池短路电流密度为 $J_{\mathrm{SC}} = 7.90$ mA/cm^2,短路电流的密度比没有反射膜的电池器件提升了 23%,该结果表明,当对电极上制备反射膜时,器件中有更多的光子被吸收利用。在 DSSC 对电极板外表面蒸镀铝膜后显著提高了器件对入射光的吸收效率。当反射薄膜制备在对电极内表面时,反射光直接在对电极内表面发生反射,因此反射光强要大于外表面上的反射光强。为了研究在对电极内表面上镀反射膜对器件性能的提高程度,对 DSSC 器件对电极内表面镀了厚度为 400 nm 的铝膜,并组装了 DSSC 器件。经测量,DSSC 器件的短

路电流密度升高到 $J_{sc} = 8.37 \ mA/cm^2$，与未镀反射膜的器件比较，短路电流提高约为 30%。这与模拟的结果基本相符。

　　Liu 等的研究表明，在光阳极厚度为 7 μm 时候，制备反射膜后器件的转化效率约增加 41.7%，根据他们的结论，制备反射膜对 DSSC 器件的 V_{oc}、FF 等参数影响较小，器件光电转化效率的变化来源于器件的短路电流 J_{sc} 的变化。无论从模拟结果上看，还是从实验结果上看，与 Liu 的实验结果相比较还存在一定的差距，这可能是因为 DSSC 器件的短路电流一般会随着阳极薄膜厚度的增加而增加，在模拟时，假设器件光阳极厚度为 1 μm，该厚度并不是光阳极厚度的最佳值。另外，由于在模拟计算中，器件的阳极中的载流子迁移率、电子寿命等参数可能与实际情况不同。而在实验中，影响器件性能的不确定因素更多。但总的来说，在 DSSC 器件对电极内表面上镀反射膜会显著提高 DSSC 器件的短路电流。

　　DSSC 器件其他关键部分的研究近年来发展十分迅速，然而对器件光阳极形貌和结构的研究近几年进展比较缓慢，虽然有一些研究者从理论的角度出发提出了一些方案，但总体上效果并不显著。主要有以下原因：现在广泛使用的制备方法如丝网印刷法、刮涂法、水热生长法等，虽然可以得到合适的薄膜厚度和粒径，但是在控制薄膜形貌和提高器件载流子传输特性等方面还存在许多不足之处。因此，寻找制备高效光阳极方法对提高器件性能来说是十分重要和有意义的。

第 7 章　静电喷雾法制备有机太阳能电池

7.1　静电喷雾法制备有机太阳能电池工艺

静电喷雾制备的薄膜性质与形貌由到达基板的雾滴的大小、均匀程度及溶剂挥发速度等决定,而到达基板时雾滴的状态及薄膜的形成过程与溶液的导电性、溶液浓度、喷嘴到基板之间的距离及液体流量等因素密切相关。因此,为制备性能良好,具有适合作为 OPV 器件活性层的形貌结构的有机薄膜,从以下几个方面对静电喷雾法制备 P3HT：PCBM 薄膜的工艺条件进行了探索和研究。

7.1.1　电导率的提高

静电喷雾技术是通过外加高压静电在喷嘴与基板之间建立静电场,具有一定导电性的液滴从喷嘴出来后带上静电荷,当外加电压大于临界值时,由于同性电荷间的排斥作用产生与表面张力相反的附加内外压力差,液滴末端的液丝分裂成许多微粒,从而雾化形成群体荷电雾滴。静电喷雾过程中液滴的受力状态及雾化如图 7-1 所示。

临界电压 V_c 与液滴半径及液滴表面张力之间的关系可由式(7-1)计算：

$$V_c^2 = cr\gamma \tag{7-1}$$

式中　r——液滴半径;

　　　γ——液滴表面张力;

　　　c——常数,由液滴形状决定。

液体雾化的实质是液体表面的动力稳定性问题,液体的表面张力

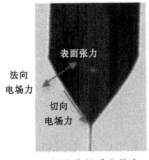 

(a)液滴的受力状态　　　(b)非锥射流的液滴末端

图 7-1　静电喷雾过程中液滴的受力状态及雾化

和黏滞阻力是雾化过程中存在的两个主要阻力。研究发现,液滴荷电导致其表面张力降低和内外压力差增加,有利于液体雾化,当液滴荷电量 q 达到瑞利极限时,即由于表面电荷间的排斥作用及液滴内外压力的不平衡导致液滴分裂,达到雾化。由此可知,雾化的必要条件是液滴具有足够大的电荷密度,突破瑞利极限。若电荷密度达不到导致液滴分裂的必要值,也就不会发生雾化。此外,若液滴电荷密度较小,则液滴末端的表面张力与法向静电应力之间难以达到平衡状态,从而不能形成未定的锥射流模式,如图 7-1(b)所示。

为研究溶液电导率对静电喷雾法制备的 P3HT∶PCBM 薄膜的影响,以 DCB 为溶剂配置比例为 P3HT∶PCBM∶DCB = 1 mg∶0.8 mg∶1 mL 的溶液,为提高溶液电导率,在其中分别添加甲醇、丙酮、DMSO、DMF、乙腈和乙酸等导电溶剂,体积比均为 10%。

加入添加剂后,随着溶液电导率的升高,喷雾过程能够形成稳定的泰勒锥模式和雾化状态。此外,添加剂对 P3HT 和 PCBM 溶解度及添加剂的挥发速度也对喷雾形成的薄膜有影响。实验结果表明,以丙酮、乙酸和乙腈作为添加剂均可在静电喷雾过程中形成稳定的泰勒锥模式,并能够制备出均匀薄膜。

7.1.2　溶液喷雾速度

溶液电导率、溶液浓度和喷嘴到基板之间的距离确定之后,影响薄

膜形貌的主要因素是流量 Q。有机溶液的电导率较低,静电喷雾过程形成的雾滴尺寸遵循比例定律为式(7-2):

$$d_0 = C_d \left(\frac{\rho \varepsilon_0 Q^3}{\gamma k} \right)^{\frac{1}{6}} \tag{7-2}$$

式中　d_0——雾滴直径;

　　　C_d——一阶比例常数;

　　　ε_0——真空介电常数;

　　　k——电导率;

　　　Q——液体流量;

　　　γ——雾滴空气界面的张力。

　　式(7-2)表明液体流量 Q 和溶液电导率 k 都会影响雾滴直径,在保持溶液电导率不变的情况下,通过调节液体流量可以改变雾滴大小。此外,雾滴的飞行时间和蒸发时间也与流量有关。如图 7-2 所示,流量较小时,雾滴直径较小,蒸发较快,落在基板上的雾滴通常为半干或干燥状态,因此雾滴残留物之间边界明显。流量较大时,雾滴直径较大,蒸发速度慢,落在基板上的雾滴较湿润,雾滴到达基板后彼此融合,雾滴残留物之间边界较模糊。若流量进一步增大,到达基板的雾滴为大尺寸的湿液,且雾滴到达基板的速度加快,由于液体的流动性,难以形成均匀的薄膜。

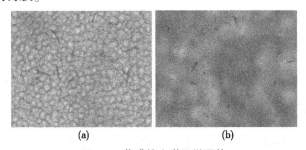

(a)　　　　　　　(b)

图 7-2　薄膜的光学显微照片

　　在根据前期实验确定的溶液电导率、溶液浓度,以及喷嘴到基板之间的距离条件下,能够形成均匀 P3HT∶PCBM 薄膜的流量<600 μL/h。当流量小于 100 μL/h 时,制备同样厚度的薄膜所需喷雾时间较长,例

如,当流量为 50 μL/h 时,制备厚度为 100 nm 的 P3HT：PCBM 薄膜所用时间约为 130 min,而流量为 100 μL/h 时,制备厚度为 100 nm 的 P3HT：PCBM 薄膜所用时间约为 60 min。器件实验结果表明,以 100 μL/h 流量制备活性层的器件性能稍优于 50 μL/h 流量制备活性层的器件。因此,在实验中选择的流量范围为 100~600 μL/h。

7.1.3　溶液成分及添加剂比例

旋涂法制备活性层所配制的溶液为每毫升 DCB 中溶解 20 mg 的 P3HT 和 16 mg 的 PCBM。然而,由于为提高溶液电导率所用的添加剂都是 P3HT 和 PCBM 的不良溶剂,在高浓度的溶液中,只要加入很少量的添加剂,就会导致溶质结晶析出。此外,为使溶液的电导率增大到能够使液体形成良好的雾化状态,添加剂的量需要达到一定比例。若要在溶液中加入一定比例的添加剂后不造成溶质结晶析出,静电喷雾使用的溶液浓度应远低于旋涂法的溶液浓度。为探索合适的溶液浓度,保持 P3HT 和 PCBM 的质量比为 1：0.8,配制不同浓度的溶液并在其中加入不同比例的添加剂。结果发现,在 P3HT：PCBM：DCB = 1 mg：0.8 mg：1 mL 的溶液中,可以最多加入体积比为 15% 左右的丙酮、乙酸或乙腈添加剂而仍然保持透明的溶液状态。如果溶液浓度进一步降低,在同样流量下,由于溶剂量的增加,会导致落在基板上的雾滴挥发后留下的空隙较大,形成的薄膜连续性较差。如果减小流量,可以改善薄膜的连续性,但是形成同样厚度薄膜所需的喷雾时间增加,从而导致有机材料与空气的接触时间增加。因此,在静电喷雾过程中,选择的溶液浓度每毫升 DCB 中溶解 1 mg 的 P3HT 和 0.8 mg 的 PCBM。

7.1.4　静电场高度对薄膜形貌的影响

喷嘴到基板之间的距离 H 为静电场高度,其对静电喷雾法制备的薄膜的影响体现在三个方面:雾滴降落时间、电场强度及薄膜面积。雾滴降落时间可由 H/v_t 表示,其中 v_t 为雾滴自由沉降速度。电场强度 E 与 H 之间的关系为 $E = V/H$,其中 V 为外加电压。由于喷雾范围为锥状,因此雾滴到达基板时散开的面积与喷嘴到基板之间的距离有关,薄

膜面积随 H 增加而增加。若喷雾形成的薄膜面积过大,会造成材料的浪费,在同样流量条件下,也会导致制备同样厚度薄膜所用的喷雾时间增加。为尽量有效地利用材料和减少喷雾时间,将薄膜面积控制在 2 cm×2 cm 左右,其刚好能够基本覆盖整个 ITO 基板。对应的喷嘴到基板之间距离 H 为 5 cm 左右。

7.2　静电喷雾法制备有机太阳能电池器件工艺

OSC 器件的制备主要包括基片制备、基片预处理、活性层制备和真空蒸镀金属电极等过程。

由于有机薄膜光伏器件的膜层厚度只有几十到几百纳米,基片的平整度、清洁度对有机膜层的质量有很大影响,基片表面细微污染都可能影响薄膜的性质,从而影响器件性能,因此 ITO 基片在使用之前要清洗干净,彻底清除表面污染物。清洗之后进行光刻,主要过程包括光刻胶旋涂、前烘、曝光、显影、后烘、刻蚀、光刻胶剥离等步骤。光刻过程有许多参数需要调试,如:旋涂的速度与时间、前烘与后烘的温度与时间、曝光的剂量与时间、显影与剥离的溶液浓度与时间,以及刻蚀选用的试剂与刻蚀时间等。光刻后对基片进行切割,然后对切割好的基片再次进行清洗。采用 TFD7 中性洗涤剂,与去离子水按照 2∶8 的比例配制洗涤液。将刻蚀和切割好的 ITO 基片(方块电阻为 15 Ω/□)依次用中性洗涤液、去离子水、丙酮和异丙醇进行超声清洗。然后将清洗后的基片在 80 ℃烘箱中干燥 1 h 以上。

有机光伏器件中,ITO 作为器件的阳极,其表面特性直接影响器件的光吸收及薄膜的生长。ITO 阳极表面不仅要非常干净,还要有较高的功函数以减少空穴的注入势垒,且其表面在旋涂过程中要易于形成均匀的薄膜。因此,在制备 OSC 器件之前,通常采用紫外线—臭氧(UV-Ozone)或氧等离子处理等方法来对 ITO 表面进行预处理。在实验过程中主要采用氧等离子处理方法,氧等离子处理可以使 ITO 表面氧含量增加,使其表面富集一层带负电的氧并由此形成界面偶极层,从而增大 ITO 的功函数。具体步骤为:将刻蚀、清洗并干燥后的基片放入等离子处理腔内,抽真空至 1 Pa 左右,然后持续通入 10 min 高纯氧,使腔内压力维持在 20~30 Pa;打开直流稳压电源,使氧等离子体轰击基片,此时可以看到腔内产生的氧等离子气体呈淡紫色;最后关闭电源、氧气和真空泵,通入氮气,将基片取出。等离子若处理时间过短,效果则不明显;处理时间过长,会破坏基板表面,经实验证明,处理 45~55 s,效果最好。

在 OSC 器件制备过程中,作为阳极修饰层的 PEDOT∶PSS 采用旋涂法涂敷在经过氧等离子预处理后的基片 ITO 表面。PEDOT∶PSS 的厚度约为 40 nm,对应的旋涂速度为 4 000 r/min,时间为 1 min。

静电喷雾示意如图 7-3 所示。用注射器泵驱动具有足够电导率的溶液通过细管到达金属喷嘴,喷嘴连接高压电源的正极,待喷涂的基底放在与地相连的平台基座上,作为高压的负极。为了形成足够均匀的小雾滴,通过调节所加电压的大小,使喷嘴末端的液滴形成泰勒锥模式。溶液的电导率是能否形成泰勒锥的关键因素,当喷嘴直径和液体流量一定时,如果溶液电导率太低,将无法形成泰勒锥模式。

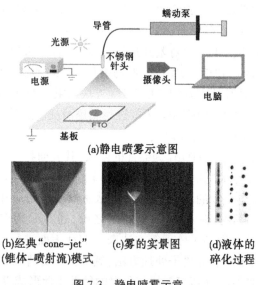

(a)静电喷雾示意图

(b)经典"cone-jet"　　(c)雾的实景图　　(d)液体的
(锥体-喷射流)模式　　　　　　　　　　碎化过程

图 7-3　静电喷雾示意

　　液体的电导率 k 是 ES 过程中的一个重要参数。因为 ES 过程依靠电荷的移动来加速液体的流动,所以液体必须有合适的电导率值才能形成稳定的锥射流模式。电导率 k 实际是电阻率的倒数。测量过程是用一段小管子充满液体,然后通过两个电极施加电压。测出电阻 R、管子的内半径 r 和电极之间的距离 L,根据欧姆定律,可以得到电导率值:

$$k = \frac{L}{\pi r^2 R} \tag{7-3}$$

　　测量电导率所用的仪器包括兆欧表(UT512,最大量程 100 GΩ);两个 1~2 mm 的针头(平头最好,如果是尖头,先打磨成平头),针头作为电极;一段 5 cm 左右的特氟龙管,内径要和针头匹配,选择特氟龙是因为它是很好的绝缘材料;两个一次性注射器;游标卡尺(用来测量针头直径和电极之间的距离)。

　　静电喷雾装置也可采用多喷嘴同时喷涂,从而可以制备出均匀的大面积膜层。如图 7-4(a)所示为具有 19 个针头线性排列的 ES 多喷嘴系统,如图 7-4(b)所示为微加工方法用硅材料制备的平面排列的 ES 多喷嘴系统。采用多喷嘴 ES 系统,并利用可移动的三维平台,可以方便地实现在大面积基底上制备 OSC 器件。由于喷涂过程基底固定在三维平台上,没有旋转过程,因此可以方便地制备柔性基底的 OSC 器件。此外,如果将三维平台水平面放置在热板上,则可在成膜过程中控制基板的温度。由此可见,ES 方法制备 OSC 具有低成本、工艺过程可控、能够进行 roll-to-roll 制程等优势,是有望实现 OSC 的商业化生产的制备方法。

　　制备 OSC 器件过程中,双层异质结器件的活性层、阴极缓冲层和金属阴极采用真空蒸镀方法,体异质结器件的阴极缓冲层和金属阴极采用真空蒸镀方法。

　　真空蒸镀属于物理气相沉积,是在真空条件下,将腔内固体材料加热,使蒸发或升华的分子或原子沉积在基板上形成均匀薄膜。真空蒸镀薄膜的厚度和均匀性与基片的旋转速度、蒸发舟的形状及大小、真空室内残余气体压强的大小、蒸发源的温度等多种因素有关。阴极缓冲

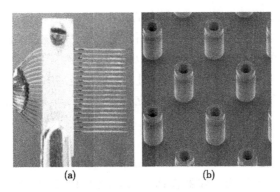

(a)　　　　　　　　　　(b)

图 7-4　多喷嘴静电喷雾喷嘴

层和金属阴极铝蒸镀过程的真空度为 $8×10^{-4}$ Pa 左右。通过带有晶振片的膜厚检测仪来监控蒸发速率和薄膜厚度。

7.3　静电喷雾法工艺优化

作为高电导率(20 ℃时 $3.18×10^{-4}$ S/cm)的无毒溶剂,醋酸在静电喷雾实验中常用作添加剂来提高溶液电导率。在溶液(1 mg P3HT：0.8 mg PCBM：1 mL DCB)中分别加入 5%、10% 和 15% 体积比的醋酸后,溶液电导率分别变为 $5.86×10^{-6}$ S/cm、$1.09×10^{-5}$ S/cm 和 $1.36×10^{-5}$ S/cm,三种溶液都能够形成稳定的泰勒锥模式。如果加入醋酸的体积比为 20% 或更多,溶液中将有材料结晶析出,因此添加醋酸的最大比例是 15%。采用加入不同比例醋酸的溶液,用 ES 法制备活性层,不同工艺条件下器件性能参数见表 7-1,得到的 OSC 器件 J—V 曲线如图 7-5 所示。

随着醋酸比例从 5% 增加到 15%,器件的 J_{SC} 和 FF 都显著增加。用加入 15% 醋酸的溶液制备出的器件效率为 2.99%±0.08%,相应的 J_{SC} 为 7.666 mA/cm^2,V_{OC} 为 0.597 V,FF 为 65.25%。从雾滴直径的大小可以解释器件效率随添加剂比例增加而增大。由于活性层厚度只有 100~200 nm,较小的雾滴尺寸有助于形成高质量的薄膜,太大的雾滴尺寸将使落在基板上的雾滴之间有空隙,从而造成短路。保持液体流

表 7-1　不同工艺条件下器件性能参数

器件	J_{SC} (mA/cm²)	V_{OC} (V)	FF (%)	PCF (%)	R_S (Ω/cm²)	R_{SH} (Ω/cm²)	电导率 (×10⁻⁶ S/cm)
5%体积浓度的乙酸	6.431	0.602	63.01	2.43(±0.10)	104	11 258	5.86
10%体积浓度的乙酸	6.863	0.596	62.85	2.57(±0.08)	96	11 325	10.89
15%体积浓度的乙酸	7.666	0.597	65.25	2.99(±0.08)	93	12 804	13.06
在 N₂ 中悬涂	8.868	0.580	60.58	3.12(±0.07)	94	10 000	NA
在空气中悬涂	7.760	0.545	57.62	2.44(±0.12)	157	9 110	NA

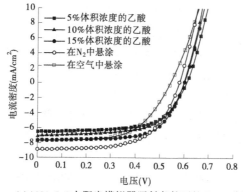

(a)AM1.5 G太阳光模拟器照射条件下的 J—V 曲线

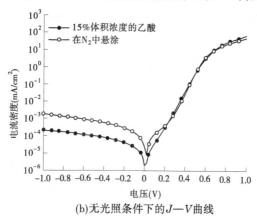

(b)无光照条件下的 J—V 曲线

图 7-5　加入不同比例醋酸的溶液制备的 OSC 器件 J—V 曲线

量不变,那么只能通过增加溶液电导率来减小雾滴直径。在溶液中加入的醋酸比例越大,溶液电导率越高,相应的雾滴直径也就越小。R_S随着醋酸比例增加而减小,而 R_{SH} 随醋酸比例增加而增大。这说明具有较高电导率的溶液在 ES 过程中能够减少缺陷,并使活性层和电极之间形成更好的接触。因此,加入15%醋酸的溶液制备出的器件具有最高的 J_{SC}、FF 和 PCE。为了与 ES 制备活性层的器件进行对比并研究空气中的氧和水对器件性能的影响,用旋涂法制备了两组 OSC 器件的活性层,其中一组在氮气手套箱中进行旋涂,另一组在空气中旋涂。由于 ES 过程在空气中持续 30~60 min(具体时间与流量有关),将在空气中旋涂的活性层也在空气中放置 45 min。与在手套箱中旋涂的器件相比,ES 法制备的器件具有较高的 V_{OC} 和 FF,但是 J_{SC} 较低。ES 法制备的器件 J_{SC} 低的部分原因应该是空气中氧和水的影响,水和氧会引起P3HT∶PCBM 中激子淬灭,从而造成电子和空穴的传输损耗,进而使J_{SC} 减小。在空气中旋涂活性层的器件性能明显低于在手套箱中旋涂的器件。而 ES 法制备的器件 V_{OC} 和 FF 比在空气中和手套箱中旋涂的器件都高。

　　从图 7-5(b)可以看出,用加入 15%醋酸的溶液 ES 法制备的 OSC器件在反向偏压时漏电流明显减小,相应的二极管整流比(电压为 1 V时的电流密度除以电压为-1 V 时的电密度)($2.95×10^5$)比手套箱中旋涂器件的整流比($2.57×10^4$)高 10 倍。因此,FF 从 60.58%(手套箱中旋涂器件)升高到 65.25%(15%醋酸 ES 器件)。这说明 ES 方法制备薄膜与旋涂法相比可以减小漏电流,这可归因于器件退火之后活性层中 PCBM 在表面聚集,从而形成了垂直分层结构。

　　为比较不同添加剂的效果,分别用丙酮和乙腈作为添加剂,用 ES制备了 OSC 器件的活性层。丙酮和乙腈的添加比例为 15%,与醋酸的最佳添加比例相同。实验了 5%和 10%的添加比例,当添加剂为丙酮和乙腈时,这两种添加比例配出的溶液都不能形成稳定的锥射流模式。将丙酮和乙腈的添加比例增加到 20%以上时,也会造成溶液中材料结晶析出。图 7-6 为 ES 法制备的 P3HT∶PCBM 活性层薄膜的光学显微镜照片。可以看出,薄膜中有许多小圆圈相互叠加,这些小圆圈是落在基板上的雾滴干燥后留下的残留物,此外薄膜中还分布着一些纤维状的结晶。Kim 等认为圆形雾滴残留物之间的边界对电流有阻挡作用,用溶剂退火能够淡化边界,从而显著改善器件性能。雾滴残留物之间的交叠状态与溶剂的蒸发过程有关,而溶剂的饱和蒸气压是影响雾滴蒸发的重要因素。25 ℃时,丙酮、乙腈和醋酸的饱和蒸气压分别为 230 mmHg、80 mmHg、17 mmHg。饱和蒸气压低导致雾滴蒸发速度慢,有利于减少雾滴残留物之间的边界,形成连续薄膜。

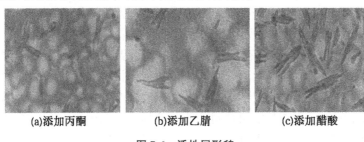

(a)添加丙酮　　　　(b)添加乙腈　　　　(c)添加醋酸

图 7-6　活性层形貌

纤维状的结晶是在 120 ℃退火 10 min 后,由于 PCBM 聚集形成的热退火或溶剂退火后在本体异质结活性层中都会形成 PCBM 聚集。ES 法制备的器件除溶液中添加剂不同外,其他条件都相同,因此纤维状结晶大小和密度的差别应该是由于添加剂的不同造成的。根据文献,饱和蒸气压低的溶剂能够导致产生更多和更大的 PCBM 聚集,这与图 7-6 中的实验结果一致。关于 PCBM 聚集对器件性能的影响,文献中有不同意见。有人认为 PCBM 在活性层表面的聚集会形成垂直分层结构,即阴极附近有较多 PCBM 而阳极附近有较多 P3HT,这有助于载流子传输到相应电极,减少电荷损耗。也有人认为较大的 PCBM 聚集不利于形貌的稳定性且会降低器件效率。从作者的实验结果来看,ES 法制备的器件 J_{sc} 明显低于在手套箱中旋涂的器件,比在空气中旋涂的器件也低一点。除 ES 过程氧和水的影响外,较大的 PCBM 聚集态有可能不利于激子扩散,同时雾滴残留物之间的边界有可能对电荷传输造成不利影响。在实验中,ES 法制备的器件 FF 比旋涂的器件的高,这说明 PCBM 造成的垂直分层结构有利于减少漏电流。

7.4　静电喷雾法制备 OSC 器件特性

ES 法采用不同添加剂制备的 OSC 器件的 J—V 曲线及相应性能参数如图 7-7 所示。乙酸为添加剂制备的器件具有最高的 PCE（2.99%±0.08%），其次是以乙腈为添加剂制备的器件，PCE 为 2.82%±0.10%。丙酮为添加剂制备器件 PCE 最低，为 2.65%±0.09%。乙酸为添加剂制备的器件 V_{OC} 和 FF 最高，然而乙腈为添加剂制备的器件 J_{SC} 最高。这可以由图 7-6所示的光学显微图像来解释。首先，乙腈为添加剂制备的薄膜中圆形雾滴残留物之间的边界比较模糊，对电荷传输较为有利。其次，乙腈为添加剂制备的薄膜中 PCBM 聚集较少，从而对激子扩散的阻碍比较小。三组器件的 J_{SC} 值与 IPCE 谱中所示的光电流大小一致。乙酸为添加剂制备的器件具有最高的 FF 和 PCE，活性层中 PCBM 聚集也最多，这与 Campoy-Quiles 等报道的结果一致，他们认为 PCBM 在表面聚集形成垂直分层结构，促进了载流子向相应电极的传输，从而减小了电荷损耗。ES 法制备的活性层 XRD 谱强度从低到高依次为丙酮、乙腈和乙酸，这与 OSC 器件 FF 的大小规律一致。

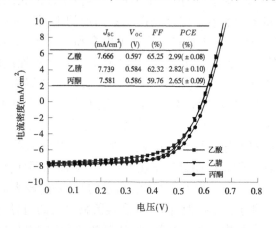

	J_{SC} (mA/cm^2)	V_{OC} (V)	FF (%)	PCE (%)
乙酸	7.666	0.597	65.25	2.99(±0.08)
乙腈	7.739	0.584	62.32	2.82(±0.10)
丙酮	7.581	0.586	59.76	2.65(±0.09)

图 7-7　OSC 器件的 J—V 曲线及相应性能参数

聚合物链吸收氧分子可导致 OSC 器件的 V_{OC} 减小。然而，在实验中,乙酸为添加剂用 ES 法制备的器件,在空气中暴露 30~60 h,但是其 V_{OC} 明显高于氮气手套箱中旋涂的器件。V_{OC} 主要由 P3HT 的 HOMO 能级和 PCBM 的 LUMO 能级之差决定。ES 法制备的活性层光吸收主峰稍有蓝移,这说明 ES 法制备的薄膜中 P3HT 的带隙有所加宽,这就导致 P3HT 的 HOMO 能级降低,从而引起 V_{OC} 增大。此外,V_{OC} 与器件的饱和暗电流有关,漏电流的减小也会导致 V_{OC} 增大。

　　将器件在不同条件下储存并测量了其稳定性,对比了 ES 法制备的 OSC 器件与旋涂法制备的 OSC 器件的稳定性。ES 法制备的器件采用优化的溶剂体系(加入 15%乙酸),旋涂法在氮气手套箱中进行。为保证数据的可信度,每个测试组制备 8 个器件,测量结果取其平均值。所用的器件没有封装,在手套箱和空气环境中分别进行测量,符合 ISOS-D-1 协议。

　　储存在手套箱中的器件测量结果显示,ES 法制备的器件退化速度大于旋涂法制备的器件。在手套箱中放置 96 h 之后,旋涂器件效率同初始时刻相比下降了 4.2%,而 ES 器件的效率下降了 8.8%。由于手套箱中水和氧的含量非常低(<2 ppm),测试器件性能的退化有可能是由 PEDOT:PSS 层或活性层中残留有水和氧造成的,或者是由于阴极材料扩散进入到活性层中造成的。器件中残留的水和氧会引起串联电阻增加和 FF 减小。铝原子扩散到 P3HT:PCBM 活性层中将成为载流子复合中心从而引起器件退化。由此看来,ES 法制备的器件由于活性层表面较粗糙,和金属铝的接触位置有可能造成更多载流子复合。ES 法和旋涂法两组器件的退化都比放置在手套箱中的器件快。由于测试器件没有封装也没有阴极缓冲层,水和氧很容易通过铝层的微孔或边缘进入器件中,从而造成铝电极的氧化和活性材料化学性能的退化。值得注意的是,在空气中,ES 器件比旋涂器件退化慢。在空气中放置 24 h 之后,ES 器件效率减小了 31%,而旋涂器件效率减小了 56%;放置 72 h 之后,ES 器件效率下降到初始值的 40%,而旋涂器件效率下降到初始值的 12%。ES 器件在空气中比旋涂器件退化慢的原因仍有待研究,但是这样的结果至少表明 ES 法制备的器件和旋涂器件相比在空气中具有更长的寿命。

7.5　静电喷雾法参数对活性层形貌和器件性能的影响

　　OSC 电池活性层的结构和形貌是影响电池效率的关键因素。ES 法制备的薄膜是由大量纳米尺寸的雾滴沉积在基板上堆叠形成的,与旋涂法的成膜过程和机制完全不同,所制备薄膜的微观结构和形貌及其控制方法也不同。旋涂法制备的 OSC 器件通常通过热退火、溶剂退火以及加入添加剂等方式改善活性层的微观结构。ES 法取代旋涂法来制备 OSC 器件面临的最大挑战是 ES 过程涉及的参数太多,包括液体物理特性参数(电导率、表面张力和液体蒸气压)、静电喷雾工艺条件参数(液体流量、外加电压,以及喷嘴到基板之间工作距离)、环境条件参数(基板温度、环境气压和空气湿度)等。对 ES 法制备的薄膜纳米微观结构进行了深入研究,通过调节 ES 工艺参数对薄膜形貌进行优化,制备出具有良好光学和电学特性的活性层,是得到高效率 OSC 器件的基础。尽管已有文献研究过对 ES 过程某个参数调整对活性层形貌和器件效率的影响,但由于这些工艺参数之间彼此相关,仅仅调整单个参数很难实现工艺过程的优化。然而研究所有参数与薄膜微观结构之间的关系是相当艰巨的任务。因此,希望将大量参数进行简化,从而能够更有效地研究 ES 工艺过程与活性层形貌以及器件性能之间的关系。作者发现:以上提到的所有参数都直接或间接地影响到 D_a 的两个因子:雾滴蒸发时间和雾滴降落时间。如果能够用 D_a 将这些参数统一起来,这种分析方法将简化 ES 实验过程中工艺参数的设计,并容易预测制备高性能器件所需的工艺条件。研究结果将为今后用多喷嘴 ES 装置制备大面积和/或柔性基底的 OSC 器件,进而实现卷对卷制程打下基础。体异质结活性层厚度对器件有显著影响,旋涂法制备的 P3HT∶PCBM 活性层的厚度最好在 100 nm 或 200 nm。由于静电喷雾法和旋涂法成膜的机制不同,薄膜的微观结构也不同,因此活性层的最优厚度可能不同。此外,基板温度的改变有可能改变薄膜的微观结构。因此,研究了在基板常温和加热两种情况下制备的 P3HT∶PCBM 活性层厚度对器件效率的影响。

　　根据 OPV 器件的工作机制,均匀的本体异质结活性层并不是最理想的活性层结构。如果活性层中给体和受体材料呈非均匀分布,即在阳极附近给体材料浓度较大,而在阴极附近受体材料浓度较大,将更有利于电荷的传输和收集。同时已有文献中报道:利用 P3HT 作为空穴传输层,PCBM 作为电子传输层,有利于提高载流子传输效率;活性层中 P3HT 和 PCBM 的梯度浓度分布有利于形成更有利于载流子传输的微观形貌;给体和受体材料相互交叠形成更规则的互穿网络,有利于电荷的传输、收集。Ali 等已经利用 ES 法制备多层结构的活性层;Yang 等利用旋涂法和多步骤退火制备出梯度浓度分布的活性层;剑桥大学 He 等利用旋涂法和模板转印制备出规则交叠结构的活性层。通过采用不同的材料或溶剂交替喷涂,ES 法能够很方便地制备具有复杂结构的活性层,或者材料浓度非均匀分布的活性层,这是传统的旋涂法难以实现的。利用 ES 法,交替喷涂给体材料和受体材料,以及交替喷涂不同浓度比例的给体/受体混合材料,从而制备出具有多层分层结构和梯度浓度分布的活性层,并制备相应 OSC 器件,研究这些复杂结构活性层对器件性能的影响。

　　ES 法制备的薄膜是由湿的、半干或干的雾滴在基底上堆叠形成的,因此薄膜的形貌与雾滴的湿度或者说雾滴到达基板时的蒸发程度有关。雾滴的湿度可以用蒸发过程的 Damköler 参数(D_a)来定量表示:

$$D_a = t_r / t_e \qquad (7\text{-}4)$$

　　由于温度与蒸发速率强相关,选择基板温度作为调节 D_a 的一个工艺参数变量。此外,根据相关公式,D_a 与流量之间的关系与 $Q^{3/2}$ 成正比,这说明 D_a 与流量之间也是强相关。因此,选择流量作为调节 D_a 的一个工艺参数变量。实验过程中,首先保持基板温度为室温,分别以 100 μL/h、200 μL/h、300 μL/h 和 400 μL/h 的流量制备 P3HT∶PCBM 活性层;然后保持流量为 400 μL/h,改变基板温度至 60 ℃和 100 ℃制备 P3HT∶PCBM 活性层;最后保持基板温度为 60 ℃,分别以 400 μL/h、500 μL/h 和 600 μL/h 的流量制备 P3HT∶PCBM 活性层。通过改变

ES 过程的工艺条件，D_a 的取值范围为 0.13~1.52，变化量达到 12 倍。

　　基于 ES 法在不同流量和不同温度下制备的 P3HT∶PCBM 活性层的 OSC 器件以及旋涂法制备活性层的 OSC 器件在 AM1.5 太阳光模拟器照明下测量的 J—V 曲线说明，在基板温度为 25 ℃ 和 60 ℃ 时，器件性能随流量增大而优化，这与大流量情况下，活性层的光吸收和 XRD 峰值都较高，且表面粗糙度较低有关。与基板未加热情况下制备的器件相比，$T = 60$ ℃，$Q = 600$ μL/h 情况下制备的器件 J_{SC} 显著提高，当 $T = 60$ ℃，$Q = 600$ μL/h 情况下，制备 P3HT∶PCBM 活性层中 P3HT 和 PCBM 的光吸收率都较高有关。IPCE 谱可以进一步证明这一点，在 400 nm 和 600 nm 波段，$T = 60$ ℃，$Q = 600$ μL/h 情况下制备的器件光电流较高。随着基板温度升高，器件的 FF 下降，这可能是由于基板温度较高时，薄膜中 P3HT 和 PCBM 分子之间的陷阱较多，从而不利于载流子的传输。从器件结果看，$T = 60$ ℃，$Q = 600$ μL/h 情况下制备的器件效率最高（PCE = 3.09%±0.11%），与 $T = 25$ ℃，$Q = 400$ μL/h 情况下制备的器件效率接近（PCE = 3.05%±0.10%）。这两种情况下对应的 D_a 值分别为 0.25 和 0.13，器件效率与在氮气手套箱中用旋涂法制备的器件效率（3.12%±0.09%）相当接近。当基板加热到 100 ℃ 时，器件效率较低（2.13%±0.09%），此时器件的 FF 和 J_{SC} 都很低。基板温度为 100 ℃ 时，制备的 P3HT∶PCBM 薄膜表面粗糙度较大，雾滴残留物的边界明显。粗糙的薄膜表面导致活性层与阴极的界面接触不均匀，从而导致 R_{SH} 和 FF 较低。雾滴残留物之间的边界增加了载流子传输的电阻，这可以由 R_S 值较大看出来，从而导致了 J_{SC} 低。

　　根据上述的实验结果，ES 法制备的 P3HT∶PCBM 活性层薄膜的形貌（光学显微图像和 AFM 图像表面粗糙度）、特性（光吸收和 XRD 谱），以及 OSC 器件的功率转化效率都与 D_a 值有明显的相关性。然而并非 ES 法制备的薄膜的全部特性都可以由 D_a 来分析和解释。基板加热对光吸收的影响，可以这样来理解，在加热状态下，聚合物链的排列与两方面因素有关：液体状态下，较高温度有利于聚合物链具有更好的活性，从而能够通过旋转或扭动找到合适位置和方向形成结晶；然而如果温度过高，相应的 D_a 值较大，雾滴蒸发时间变短，干燥过程加快，从而阻止 P3HT 链形成更多结晶。虽然利用 D_a 分析 ES 法制备的活性层和器件效率时具有这些不足之处,但由上述分析可以看出,D_a 能够作为简化 ES 过程参数,是对 ES 制备的薄膜和器件性能进行分析的有效方法。为优化 ES 法制备的 P3HT：PCBM 活性层厚度,并研究基板加热对最佳活性层厚度的影响,在室温和基板加热到 60 ℃情况下,分别制备了不同厚度的活性层。器件性能参数随活性层厚度的变化规律如下,活性层厚度为 130 nm 时,器件得到最高的 PCE,活性层厚度在 100～160 nm 时器件均保持较高的 PCE,变化不大,这可归因于对光的吸收较少。较厚的活性层导致 FF 减小,这可归因于其中载流子传输损耗较大。基板加热到 60 ℃时,具有最高 PCE 的器件活性层厚度为 200 nm,且活性层厚度在 150～220 nm 器件保持较高的 PCE。也就是说,基板加热情况下器件的最佳活性层厚度大于基板未加热情况下的最佳活性层厚度。根据上述的结果与讨论,基板加热导致活性层中产生较多针孔,薄膜较薄时有可能引起短路现象,较厚的薄膜中减小了这种可能性,因而器件效率有所增加。

第8章 静电喷雾法制备
钙钛矿太阳能电池

目前在实验室中广泛应用的溶液反应、旋涂、蒸镀等制备钙钛矿太阳能薄膜的方法在提高器件效率方面取得了令人瞩目的进展,但是,由于受到制备工艺的限制,使用这些方法制备的功能层薄膜形貌上还存在一定的缺陷。

一步溶液法操作最为简单且成本较低,但是用这种方法容易形成枝状的薄膜,其主要的原因就是薄膜的成核密度小,溶液中的胶体颗粒都吸附在界面上生长所致。

两步溶液法存在的问题是制备的薄膜不致密,而导致这种现象的主要原因就是结晶过程不易控制。而且钙钛矿层很不稳定,受太阳光照、温度、湿度等环境因素影响严重,而作为太阳能电池的吸收层,受这些因素影响会极易分解,大大降低了电池的效率及使用寿命。

其他传统的制膜工艺一般不能对器件的功能层的形貌、结构等主动调控,因而钙钛矿太阳能电池器件的光电转化效率还存在着进一步提高的空间。另外,现在所用的这些实验方法制备出来的薄膜有效面积相对较小,若扩大薄膜面积,则薄膜表面的均匀性变差,不适宜大规模生产。因此,探索对各功能层形貌调控的方法及调控结果对器件效率的影响机制是钙钛矿太阳能电池研究的重要内容。

静电喷雾沉积法是一种通过在液滴表面施加直流电场,液体在电场的作用下形成气溶胶,并在电场的作用下沉积在基板上成膜的方法。与传统的制膜技术相比较,静电喷雾沉积法最大的优势就是可以通过改变喷雾液体的浓度、成分及喷雾过程中雾化电压、液体流速等工艺条件,达到对薄膜形状、结构及形貌等的主动调控。工艺简单,成本低廉,利于大规模的工业生产。

目前,通过改变喷雾液体配方及静电喷雾工艺,静电喷雾沉积技术可以使用有机/无机材料制备致密、酥松、多孔等多种形貌薄膜,且可以通过改变功能层溶液中的成分调控薄膜的厚度、孔径、孔率等属性。部分使用静电喷雾沉积法制备的薄膜的微观形貌如图 8-1 所示。

图 8-1　静电喷雾沉积法制备的薄膜的微观形貌

8.1　静电喷雾法制备致密 TiO_2 电子传输层

电子传输位于导电基底表面非常薄的一层,它的主要作用是传输电子以及阻隔电子回流。较佳的电子传输层必须是致密且没有空位的。使用静电喷雾方法制备出致密的 TiO_2 电子传输层,系统研究制备该功能层的悬浊液配方以及工艺条件,改变静电喷雾工艺条件和悬浊液配方以及其他手段,调控电子传输层结构和形貌,研究形貌调控对电子传输层性能的影响,并探索产生影响的原因和机制对钙钛矿电池器件研究有重要作用。

致密 TiO_2 电子传输层制备过程如下:1.1 g P25 粉置于玛瑙研钵中,在研磨的同时,逐滴加入 0.2 mL 的乙酸(需 5 min);再加入 1.2 mL 去离子水研磨 5 min;加入 7 mL 乙醇研磨 30 min。然后,将上述浆料转入球磨罐中球磨 12 h 后,用乙醇配成 2.5%~5% 的悬浮液。在室温下,用超声仪将悬浮液超声 6 次,每次超声处理 30 个循环,其中每一个循环的工作时间为 10 s,间歇时间 5 s,每次超声处理后将悬浮液搅拌 30 min 再进行下一次超声处理。获得 TiO_2 悬浮液,待用。

与电源正极相连的平头不锈钢毛细管(内径 150 μm,外径 200 μm)与负极相接的方形基板之间可形成静电场,其强度可调。将处理后的 FTO 玻璃置于方形基板上,FTO 面朝上,并使 FTO 面与负极相连,其有效喷涂面积可通过覆盖一定尺寸和形状的薄层金属片(如含有 0.5 cm 圆孔的铝箔)确定。静电喷雾制膜时,注射器泵的进样速率设定为 0.8 mL/h,喷雾距离分别为 2.2 cm 和 4.3 cm,保证静电喷雾在不同的喷雾距离时能够工作在"cone-jet"模式下,加在不锈钢毛细管上的电压相应调为 4.5 kV 和 8.8 kV。制备的薄膜在管式炉中 480 ℃下烧结 30 min,冷却至 80 ℃,即可得到致密的电子传输层。

柔性电极制备的关键就是要在不用高温烧结的情况下实现良好的导电通道和膜的抗脱落性。有研究小组将钛酸盐(如四氯化钛、钛酸四丁酯、钛酸异丙酯等)加入到二氧化钛的浆料中,利用刮涂法在低温下成功制备了柔性的光电极膜。静电喷雾法制膜由于不需要有机黏合剂,也可以用来制备柔性光电极。实验中,将钛酸四丁酯与二氧化钛悬浊液按 1∶200 的体积比相混合,喷雾时间为 6 min。用 T1 表示电池的制备条件为光电极膜中加入了钛酸四丁酯且在 120 ℃下水热处理 12 h后再 150 ℃烧结 4 h,T2 表示光电极膜中未加入钛酸四丁酯,仅在 150 ℃时烧结 4 h;T3 表示在光电极膜中未加入钛酸四丁酯,仅在 480 ℃时烧结 30 min;T4 表示在光电极膜中加入了钛酸四丁酯但未作水热处理仅在 480 ℃时烧结 30 min;T5 表示在光电极膜中加入了钛酸四丁酯在 120 ℃水热处理 12 h,并在 480 ℃时烧结 30 min,结果表明,加入了钛酸四丁酯反而使电池的性能变得更差;但与此相反,通过对比都经过高温烧结的 T3、T4、T5 可知,在光电极膜中加入钛酸四丁酯,再经水热处理的确能够改善电池的效率。这可以解释为,加入到二氧化钛中的钛酸四丁酯在经过水热处理后生成的小纳米颗粒能够促进光电极膜中粒子之间的连接,形成更好的导电通道,所以 T5 的效率最高;T4 虽然加入了钛酸四丁酯但由于没有水热处理,所以效率要低于 T5 而与没加入的 T3 几乎没有差别;T5 和 T1 相比较则可以看出,T1 效率低的原因应该是虽然光电极膜中形成了好的导电通道,但长达 12 h 的高压水热处理使光电极膜与导电基底的接触变差,影响了器件的性能;而 T5 通过最终的高温烧结处理重新修复了光电极膜与导电基底的连接,提高了器件的性能。

动态分析表明,加入钛酸四丁酯后的二氧化钛悬浮液的平均颗粒大小为 219.9 nm,且存在着少量的大颗粒。这些含有多个络合颗粒的液滴在下落收缩过程中会包裹住一些乙醇,而在到达 FTO 表面时这些乙醇不易快速挥发,因此每个液滴中的颗粒会像一块"软泥巴"一样落在 FTO 表面而不能向周围铺开,所以会形成大的裂痕和孔洞。另外,在"软泥巴"的表面,乙醇挥发得很快,在到达 FTO 之前有些"局部地方"已形成了纳米球簇(sp-TiO$_2$),所以电喷雾加入钛酸四丁酯的二氧化钛乙醇悬浊液制备的光电极膜中既有纳米球簇又有纳米颗粒。

8.2　静电喷雾法制备介孔支撑层

在介孔钙钛矿太阳能电池中,使用半导体材料(包括 TiO$_2$、ZnO、绝缘 A1$_2$O$_3$ 和 ZrO$_2$ 等)作为钙钛矿太阳能电池的电子传输层。由于介孔 TiO$_2$ 薄膜具有优异的光化学性质,例如宽带隙、化学稳定性、光稳定性、无毒、价格低等,在钙钛矿太阳能电池中,介孔 TiO$_2$ 薄膜是应用最广泛的电子传输层材料。

介孔 TiO$_2$ 薄膜的结构特征,例如颗粒大小、薄膜厚度和孔隙率等都会对钙钛矿太阳能电池的性能产生重要影响。孔隙率高的介孔 TiO$_2$ 薄膜可以提高钙钛矿层在其中的渗透,从而提高光吸收,增加短路电流密度。同时,介孔 TiO$_2$ 薄膜和钙钛矿薄膜的界面也会影响钙钛矿太阳能电池的光电转化效率。增加介孔 TiO$_2$ 薄膜的比表面积和孔隙率,可以沉积更多钙钛矿,也能降低 TiO$_2$/钙钛矿界面的接触势垒。Sabba 等采用静电纺丝法制备 TiO$_2$ 纳米线作为钙钛矿太阳能电池的电子传输层,TiO$_2$ 纳米线组成的电子传输层孔隙率高,提高了 PbI$_2$ 的沉积,MAI 更容易与 PbI$_2$ 反应。Seok 等通过嵌段共聚物诱导的溶胶凝胶法制备孔增大的 TiO$_2$ 电子传输层。孔隙大的 TiO$_2$ 电子传输层更有利于钙钛矿在 TiO$_2$ 薄膜中的渗透。用大孔隙 TiO$_2$ 薄膜制备的电池显示出更高的短路电流和效率。Rapsomanikis 等通过溶胶凝胶法和 P123 嵌段共聚物作为模板制备出高度有序的大孔。介孔 TiO$_2$ 薄膜作为钙钛矿太阳能电池的电子传输层,结果显示孔隙率高的 TiO$_2$ 薄膜更适合作为钙钛矿的骨架层,TiO$_2$ 层和钙钛矿层的有效接触提高了电子传输效率。控制 TiO_2 薄膜孔隙率的方法有改变 TiO_2 纳米颗粒的大小、使用两性分子嵌段共聚物以及使用模板等。

取 2 cm×2 cm 的 FTO 导电玻璃,用锌粉和稀盐酸在导电玻璃表面进行刻蚀,再用蘸有洗涤灵的棉签擦拭表面,然后用去离子水进行表面的冲洗,将得到的导电玻璃再分别用丙酮、酒精、去离子水分别超声 15 min,将得到的导电玻璃放置在干燥箱中进行干燥以待用,取 1 mL 的钛酸四丁酯和 9 mL 的异丙醇于烧杯中,将烧杯置于磁力搅拌器上进行 15 min 的搅拌,再加入 0.3 mL 的乙酰丙酮进行 3 h 的搅拌,加入一定量的水与 1 mL 的异丙醇再次进行 3 h 的搅拌,滴加浓硝酸进行 pH 的调节使得 pH 为 2~3,搅拌 30 min,得到淡黄色 TiO_2 前驱体溶液。

取 2.5 mL 的酒精和 0.75 mL 的冰乙酸混合搅拌 30 min,搅拌结束后加入 0.125 g 的聚乙烯吡咯烷酮(PVP),搅拌 2 h 至 PVP 完全溶解,再加入 0.75 mL TiO_2 前驱体溶液,搅拌 1 h,得到 TiO_2 前悬浮液,将前驱体溶液加入静电喷雾设备的溶液存储器里,调节助推器的助推速度使溶液能够均匀滴下,调整接收屏与发射器之间的距离,调节喷射高度和雾化电压,观察到发射器头部有稳定的"cone"时,在基板上得到介孔 TiO_2 膜层,再将得到薄膜进行退火,设置升温速率为 1.5 ℃/min。升温至 450 ℃,在 450 ℃下保温 3 h,再以 2 ℃/min 的速率进行降温。即可得到介孔 TiO_2 支撑层。图 8-2 为该方法制备的支撑层形貌。

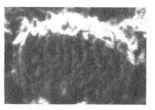

图 8-2　静电喷雾法制备的支撑层形貌

为了更好地研究钙钛矿在介孔 TiO_2 中的分布,进行了能谱分析。能谱沿着钙钛矿的断面扫描,能谱展示了两种元素 Ti 和 Pb 沿着断面的分布。如图 8-3 所示,Pb 在 TiO_2 介孔支撑层中的沉积更多,并且 Pb 沿着 TiO_2 薄膜断面的分布更均匀。这说明由于更多孔的出现,

MAPbI$_3$钙钛矿在介孔 TiO$_2$ 薄膜中的分布更加均匀。

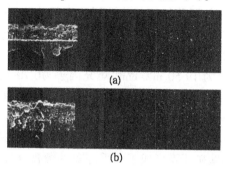

图 8-3 沿 CH$_3$NH$_3$PbI$_3$断面扫描的 Ti、Pb 元素能谱

8.3 静电喷雾法制备活性层

在溶液法制备钙钛矿光吸收层的过程中,溶液浓度、溶剂选择、沉积温度等晶体生长动力学因素会严重影响薄膜的结晶性和形貌,从而影响电池的光电性能。近年来,研究者们通过溶剂工程、界面修饰及组成调控等方法来改善钙钛矿薄膜的结晶性和形貌,进而大幅提升了电池的光电性能。韩礼元课题组使用二甲基亚砜(DMSO)代替常用的 N,N-二甲基甲酰胺(DMF)来溶解 PbI$_2$,DMSO 与 Pb^{2+}之间的强配位作用可以抑制 PbI$_2$结晶,得到了表面形貌均一的非晶 PbI$_2$薄膜,从而在与 CH$_3$NH$_3$I 反应时形成均一覆盖、结晶良好的钙钛矿薄膜,获得的 PSCs 效率达到了 13.5%,且电池性能具有良好的重现性。

Liang 等向前驱体 PbCl$_2$溶液中加入二碘辛烷,该双齿卤代物与 Pb^{2+}发生临时螯合作用,通过促进均质成核及调整界面能影响晶体生长动力学,从而制备出了更加平整连续的钙钛矿薄膜,其光吸收特性更加优异,组装成的平面异质结 PSCs 能量转化效率达到了 12%。Xiao 等在反式平面异质结电池中完成钙钛矿两步法制作以后,用 DMF 蒸气对钙钛矿薄膜进行熏蒸,维持一个湿的环境,使 PbI$_2$ 和碘甲胺充分扩散反应,同时降低其结晶速度,最终得到的大块晶粒对电荷提取非常有利,制备的 PSCs 效率高达 15.6%。Seok 课题组用 DMSO 和 γ-丁内酯

(GBL)的混合溶剂(DMSO：GBL＝3：7，体积比)配制钙钛矿前驱体溶液，旋涂过程中滴加甲苯促使其快速形成中间体 DMSO·CH_3NH_3I·PbI_2，其中，DMSO 经加热挥发除去，残留的 CH_3NH_3I·PbI_2 通过自组装成成致密均匀的钙钛矿薄膜。最终，该课题组制备出了开路电压为 1.09 V，短路电流为 19.50 mA/cm^2，填充因子为0.76，光电转化效率为 16.22%的高性能电池器件。Cheng 课题组在一步旋涂钙钛矿溶液完成后立即在湿的膜上铺展第二种溶剂氯苯，使钙钛矿在混合溶液中的溶解度迅速减小，从而促进快速成核和晶体生长。用这种一步快速沉积结晶法制备的钙钛矿薄膜形成了几乎完美的覆盖度和结晶，表面非常平整，并且单一晶体粒子尺寸达到了微米级。相应的电池效率从 1.5%提高到了 13.8%。Chen 等提出了一种用三元混合溶液制备钙钛矿薄膜的方法。该三元混合溶液由 PbI_2、CH_3NH_3I 和 NH_4Cl 组成(物质的量之比为 1：1：0.5)。钙钛矿在旋涂过程中即可完成结晶，无须再经过热处理过程。用这种方法制作的电池几乎没有回滞效应，反扫和正扫得到的电池效率基本一致，这是此研究工作的一大亮点。Heo 等将 HI 作为添加剂加入 $MAPbI_3$ 的 DMF 溶液中，采用一步溶液法制作出了表面无孔、均一覆盖的钙钛矿薄膜，组装成的电池平均效率为 17.2%。Jeon 等利用高沸点低蒸气压的 N-环己基-2-吡咯烷酮作添加剂加入钙钛矿的前驱体溶液中，由于这种添加剂不易挥发，使钙钛矿在结晶的时候形成了均质成核位点，然后缓慢结晶，最终形成了均匀平整且完全覆盖的薄膜，组装成的电池平均效率从 3.63%增长到了 9.74%，最高效率达到了 10%，并且器件性能具有较好的重复性。

8.3.1　制备单层的钙钛矿光吸收层

将 $PbCl_2$ 和 CH_3NH_3I 按一定化学计量比溶解于 N,N-二甲基甲酰胺(DMF)中，并尝试在该溶液中加入少量乙酸以提高溶液的电导率，用静电喷雾法在电子传输层上制备一层致密的钙钛矿纳米晶薄膜。通过调整溶液中二者的比例达到控制钙钛矿敏化层薄膜形貌的目的，最终形成均匀、高覆盖率的钙钛矿光吸收层。与使用旋涂法制备的薄膜对比。光吸收形貌由 SEM、TEM 和 FEM 进行表征。

8.3.2　制备混合结构钙钛矿光吸收层

在电子传输层上制备一层致密的钙钛矿光吸收层,然后将 TiO_2 (Al_2O_3)分散于一定浓度的 $PbCl_2$ 和 CH_3NH_3I 的 DMF 溶液中,将上述悬浊液,用静电喷雾法在基板上沉积成为薄膜,再对薄膜进行热处理,从而得到均匀分布的介孔+钙钛矿纳米晶敏化层。通过改变溶液中各个组分的浓度及电喷雾工艺参数调控光吸收层形貌。介孔层形貌及钙钛矿纳米晶在支撑层中的分布,可由 SEM、AFM 和 TEM 来表征。使用该膜层组装电池器件,并与使用两步法制备膜层器件对比,研究载流子在其内部的传输机制。具体制备过程如下:

使用双喷嘴系统制备双层混合结构的光吸收层,用单喷嘴静电喷雾系统,在电子传输层上制备致密钙钛矿层,将 $PbCl_2$ 和 CH_3NH_3I 按一定化学计量比溶解于 N,N-二甲基甲酰胺(DMF)中,并尝试在该溶液中加入少量乙酸以提高溶液的电导率,在电子传输层上沉积一层致密的钙钛矿纳米晶薄膜。

将纳米晶 TiO_2 或 Al_2O_3 粉末(粒径 $15\sim25$ nm)分散在乙二醇中形成悬浊液,使用正高压电源,用静电喷雾法沉积出多孔的介孔层结构,同时对 $PbCl_2$ 和 CH_3NH_3I 的 DMF 溶液使用负高压电源。

通过调整溶液中二者的比例达到控制钙钛矿敏化层薄膜形貌的目的,形成均匀、高覆盖率的钙钛矿光吸收层。然后,使用双喷嘴系统在上述致密钙钛矿层上,制备出支撑层粒子球簇和钙钛矿粒子球簇相互包裹的结构。改变喷雾工艺条件和基底温度调控混合光吸收层形貌,筛选出制备混合结构光吸收层的最佳工艺,并解释形貌调控对器件性能的影响及其机制。制备出高效率的钙钛矿太阳能电池器件,为钙钛矿太阳能电池工业化生产提供方法支持。

通过不断地调整实验参数,优化器件性能,作者已经可以重复性地制备具有相当良好性能的钙钛矿太阳能电池,其中性能最好的电池效率已经可以达到 9.97%,开路电压为 929.48 mV,短路电流为 18.75 mA/cm^2,填充因子最高达到 59.2%,图 8-4 为最优化器件的 J—V 曲线及 IPCE。

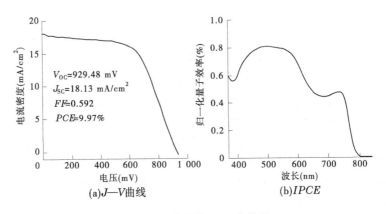

图 8-4　最优化器件的 *J—V* 曲线及 *IPCE*

　　使用静电喷雾沉积法制备钙钛矿太阳能电池的各个功能层,其中主要包括致密的 TiO_2 电子传输层,多孔 TiO_2、Al_2O_3 支撑层,钙钛矿吸光层等膜层。利用静电喷雾沉积技术的特点,探索调控功能层形貌的方法,通过对各功能层结构设计及形貌调控,改善因为传统制备工艺而导致功能层形貌不佳、覆盖率低、功能层之间相互接触不良及不利于大规模生产等缺点,制备出较高光电转化效率的钙钛矿太阳能电池。本书研究给提高钙钛矿太阳能电池功能层薄膜性能提供了新的方案,对钙钛矿太阳能电池技术的发展及效率的提高具有重要的意义。

参考文献

[1] Kojima A, Teshima K, Shirai Y, et al. Organometal halide perovskites as visible-light sensitizers for photovoltaic cells[J]. Am. Chem. Soc., 2009, 131(17): 6050-6051.

[2] Kim H S, Lee C R, Park N G. Organolead halide perovskite: new horizons in solar cell research[J]. J. Phys. Chem. C, 2014, 118 (11): 5615-5625.

[3] Federico B, Gianmarco G, Juan P C B, et al. Improving efficiency and stability of perovskite solar cells with photo curable fluoropolymers[J]. Science, 2016, 354 (6309): 203-206.

[4] Lee M M, Teuscher J, Miyasaka T, et al. Efficient hybrid solar cells based on meso-super structured organometal halide perovskites [J]. Science, 2012, 338 (6107): 643-647.

[5] Liu M Z, Johnston M B, Snaith H J. Efficient planar heterojunction perovskite solar cells by vapour deposition[J]. Nature, 2013, 501(7467): 395-398.

[6] Wu Y Z, Islam A, Yang X D, et al. Retarding the crystallization of PbI_2 for highly reproducible planar-structured perovskite solar cells via sequential deposition[J]. Energy Environ. Sci., 2014, 7: 2934-2938.

[7] Burschka J, Pellet N, Moon S J, et al. Sequential deposition as a route to high-performance perovskite-sensitized solar cells[J]. Nature, 2013, 499(7458): 316-319.

[8] Luo J, Im J H, Mayer M T, et al. Water photolysis at 12.3% efficiency via perovskite photovoltaics and earth abundant catalysts[J]. Science, 2014, 345(6204): 1593-1596.

[9] Abate A, Saliba M, Hollman D J, et al. Supramolecular halogen bond passivation of organic-inorganic halide perovskite solar cells[J]. Nano Lett., 2014, 14(6): 3247-3254.

[10] Xiao M, Huang F, Huang W, et al. A fast deposition - crystallization procedure for highly efficient lead iodide perovskite thin film-solar cells[J]. Angew. Chem.,

2014, 126(37): 10056-10061.

[11] Lv S, Pang S, Zhou Y, et al. One-step, solution-processed formamidinium lead trihalide (FAPbI$_{3-x}$Cl$_x$) for mesoscopic perovskite-polymer solar cells[J]. Phys. Chem. Chem. Phys, 2014, 16(36): 19206-19211.

[12] Zhao Y, Zhu K, Liu M. Solution chemistry engineering toward high-efficiency perovskite solar cells[J]. J. Phys. Chem. Let., 2014, 5(23): 4175-4186.

[13] Jeon N J, Noh J H, Kim Y C, et al. Solvent engineering for high-performance inorganic-organic hybrid perovskite solar cells[J]. Nature Mater., 2014, 13(9): 897-903.

[14] Xiao Z, Dong Q, Bi C, et al. Solvent annealing of perovskite-induced crystal growth for photovoltaic-device efficiency enhancement[J]. Adv. Mater., 2015, 26(37): 6503-6509.

[15] Bi D, Moon S J, Häggman L, et al. Using a two-step deposition technique to prepare perovskite (CH$_3$NH$_3$PbI$_3$) for thin film solar cells based on ZrO$_2$ and TiO$_2$ mesostructures[J]. Rsc. Adv., 2013, 3(41): 18762-18766.

[16] Kumar M H, Yantara N, Dharani S, et al. Flexible, low-temperature, solution processed ZnO-based perovskite solid state solar cells[J]. Chemical Communications, 2013, 49(94):11089-11091.

[17] Zheng L, Ma Y, Chu S, et al. Improved light absorption and charge transport for perovskite solar cells with rough interfaces by sequential deposition [J]. Nanoscale, 2014, 6(14): 8171-8176.

[18] Shi J, Luo Y, Wei H, et al. Modified two-step deposition method for high-efficiency TiO$_2$/ CH$_3$NH$_3$PbI$_3$ heterojunction solar cells[J]. ACS Appl. Mat. Interfaces, 2014, 6(12): 9711-9718.

[19] Luo P, Liu Z, Xia W, et al. Uniform, stable, and efficient planar-heterojunction perovskite solar cells by facile low-pressure chemical vapor deposition under fully open-air conditions[J]. ACS Appl. Mat. Interfaces, 2015, 7(4): 2708-2714.

[20] Chen Q, Zhou H, Hong Z, et al. Planar heterojunction perovskite solar cells via vaporassisted solution process[J]. J. Am. Chem. Soc., 2014, 136(2): 622-625.

[21] Mei A, Li X, Liu L, et al. A hole-conductor-free, fully printable mesoscopic perovskite solar cell with high stability[J]. Science, 2014, 345(6194): 295-298.